Hans-Christian Röglin · Technikängste und wie man damit umgeht

Technikängste und wie man damit umgeht

Prof. Dr. Hans-Christian Röglin

Originaltitel der Studie: "Standortsicherung – auch eine Frage der Öffentlichkeitsarbeit und Informationspolitik"

Die Deutsche Bibliothek – CIP-Einheitsaufnahme

Röglin, Hans-Christian:
Technikängste und wie man damit umgeht / Hans-Christian Röglin.
– Düsseldorf: VDI-Verl., 1994
   ISBN-13: 978-3-540-62188-1   e-ISBN-13: 978-3-642-95767-3
   DOI: 10.1007/978-3-642-95767-3

© VDI-Verlag GmbH, Düsseldorf 1994

ISBN-13: 978-3-540-62188-1

Vorwort

Die hier vorgelegte Studie wurde im Auftrage nachstehender Firmen erstellt:

⇒ ASM Agentur für Sozial-Marketing, Thalwil/Zürich
⇒ CIBA GEIGY AG, Basel
⇒ HOECHST AG, Frankfurt
⇒ EVS Energie-Versorgung Schwaben AG, Stuttgart
⇒ RWE-Energie AG, Essen
⇒ VEÖ Verband der Elektrizitätswerke Österreichs, Wien
⇒ VERBUNDGESELLSCHAFT, Wien

Hinter der Auftragsvergabe stand die Einsicht, daß Ängste der Bürger gegenüber bestimmten Technologien und Techniken, bzw. ihren Konsequenzen, nämlich:

- Gentechnik
- Nukleartechnik
- Elektromagnetische Felder
- Umweltschäden,
  vornehmlich CO_2-Ausstoß / Treibhauseffekt / Ozonloch

keineswegs mit dem Verdikt »irrational« abzutun seien, sondern es darauf ankäme, diese Ängste zu verstehen und angemessen in der Öffentlichkeitsarbeit und Informationspolitik mit ihnen umzugehen.

Zielsetzung dieser Studie ist also die Klärung der Frage, was es mit den Ängsten der Bürger - und der ➤ Angst vor diesen Ängsten ◄ - in unserer Gesellschaft auf sich habe, um daraus Verhaltensempfehlungen für jene Unternehmen ableiten zu können, deren eingesetzte Technik - zumindest manchem - Angst einflößt.

Spezielle Empfehlungen für die einzelnen Auftraggeber orientieren sich an deren jeweiligen speziellen Fragen und werden ausschließlich dem jeweiligen Unternehmen zugeleitet.

Empirisch stützt sich die Untersuchung auf insgesamt 98 explorative »Experten-Interviews« von ein- bis dreistündiger Dauer, Gespräche mit Wissenschaftlern - naturwissenschaftlich, wie geisteswissenschaftlich ausgerichtet -, Journalisten, Politikern, Behördenvertretern, Wirtschaftlern wie Gewerkschaftlern, Geistlichen und Vertretern der Land- und Forstwirtschaft.

40 explorative Interviews wurden geführt mit kritischen Gruppierungen wie BUND, WWF, GREENPEACE, Naturschutz- und Tierschutzverbänden sowie Bürgerinitiativen, denen eine hohe Glaubwürdigkeit zugeschrieben wird [1].

Die Kontrollinterviews mit nach Zufallsprinzip ausgewählten Bürgern beschränkten sich auf 35.

Schließlich gaben, ebenfalls in explorativen Interviews, 15 ausgewählte Mitarbeiter der Auftragsunternehmen ihre Sichtweise zu Protokoll.

Diese Methode der **Intensiv**-Interviews, die etwa eine Dauer von 1 bis 1½ Stunden haben, geht von der Erfahrung aus, daß psychologische Meinungsgegenstände in solchen Gesprächen ungleich besser erfragt werden können als durch **voll**-standardisierte Fragebögen. Ein weiterer Grund für Intensiv-Interviews liegt darin, daß insbesondere Mitarbeiter in sensiblen wissenschaftlichen oder politisch-relevanten Bereichen einem standardisierten Fragebogen eher skeptisch gegenüberstehen.

Die Interviews wurden in Deutschland, der Schweiz und Österreich im Zeitraum vom September 1993 bis zum Januar 1994 durchgeführt. Ihnen allen lag der gleiche gerasterte Gesprächsleitfaden zugrunde. Die Ergebnisse für die Schweiz und Österreich, soweit sie gravierende Abweichungen von den hier beschriebenen Gesamtergebnissen aufweisen, sind in einer besonderen Stellungnahme zusammen mit speziellen Firmenempfehlungen dargestellt.

Empirisch abgesichert wird diese Studie des weiteren durch eine repräsentative Umfrage - in Ost- und Westdeutschland gesondert -, die im Auftrage des Instituts für angewandte Sozialpsychologie, Professor Dr. *Hans-Christian Röglin*, Düsseldorf, von **EMNID**, Bielefeld, kompatibel zu den explorativen Interviews erhoben wurde. In diese Befragung wurden insgesamt 1.568 Haushalte einbezogen, 1.023 in Westdeutschland, 545 in Ostdeutschland. Sie bezieht sich auf den Zeitraum von September bis November 1993.

---

[1] Eurobarometer, EDIS, Vol. 3, No. 4, 1993

Schließlich wurde der Rücklauf eines Fragebogens, veröffentlicht in dem Studenten-Magazin »statement«, ausgewertet [1].

Die drei Tabellenbände sind dem Gutachten beigefügt. Weitere Ausführungen zur Methodik finden sich teils im Text, teils im Anhang. Darüber hinaus rechtfertigt die Bedeutung des Themas die ebenfalls im Anhang beigefügte Bibliographie, die es dem Interessierten ermöglicht, sich unter allen denkbaren Fragestellungen mit der Angst oder den Ängsten der Menschen zu beschäftigen.

Mit der Vorlage dieser Studie »**Standortsicherung – auch eine Frage der Öffentlichkeitsarbeit und Informationspolitik**« verbindet sich die Hoffnung, sie möge einen öffentlichen Diskurs initiieren, der unbegründete Ängste auflöst und begründete Ängste konstruktiv in die Entscheidungsfindung einbezieht. Das wäre psychologische Standortsicherung erster Ordnung.

Herzlichen Dank sagen wir allen, die als Interviewpartnerinnen und Interviewpartner ihre manchmal sehr knappe Zeit zur Verfügung stellten und ausnahmslos mit oftmals sehr persönlicher Anteilnahme ihre Einstellungen deutlich machten. In allen befragten Gruppen waren Frauen - wenn auch in geringerer Anzahl - vertreten. Daß allen Gesprächsteilnehmerinnen und Gesprächspartnern Anonymität zugesichert wurde, versteht sich von selbst.

Diese Studie versucht, die für unser Thema relevanten Einstellungen so offen wie möglich darzulegen. Hierzu haben uns die Auftraggeber ermutigt und dafür gebührt ihnen besonderer Dank.

Düsseldorf, 14. April 1994 *Hans-Christian Röglin*

---

[1] »statement«, das internationale studentenmagazin 4/93

Inhalt

A　Standortsicherung – auch eine Frage der Psychologie

I　Anmerkungen zur Psychologie unserer Gesellschaft

1　Bedeutung psychologischer Standortfaktoren

Gewiß ist die Qualität eines Wirtschaftsstandortes abhängig von den Arbeitskosten, den Steuerbelastungen, den Umweltschutzauflagen, den Kapitalkosten, Energiekosten, der Forschung, dem Ausbildungssystem und nicht zuletzt dem Grad der Bürokratisierung - aber eben nicht nur. Eine erhebliche Bedeutung haben auch psychologische Faktoren wie Motivation der Mitarbeiter in den Unternehmen, insbesondere Motivation der Wissenschaftler, Ingenieure und Techniker in Forschung und Entwicklung, Führungsfähigkeiten des Managements und schließlich Stimmungslage der Bevölkerung. Gerade die Vorstellungen der Öffentlichkeit, die sich zur Stimmungslage verdichten, spielen für die Wettbewerbsfähigkeit eines Industrielandes eine nicht zu unterschätzende Rolle. Das gilt in besonderem Maße für die Einstellungen der Öffentlichkeit zu den zukunftsgerichteten Technologien und Techniken; denn an ihnen orientieren sich wiederum Politiker, denen die Stimmung der Bevölkerung nicht gleichgültig sein kann. Insofern formen sie Gesetzgebungs- und Genehmigungsverfahren.

Vermag die Bevölkerung sich unter den genannten Technologien nichts oder nur vage etwas vorzustellen, kann sie keine Einstellungen entwickeln, sondern nur verunsichert mit Abwehr reagieren. Die Frage nach der Akzeptanz und Akzeptabilität dieser Technologien und Techniken stellt sich für die Bevölkerung dann gar nicht mehr. Die Rationalität des Abwägens von Chancen und Risiken weicht einem Resonanzboden für Ängste aller Art. Es entsteht der *"Eindruck, daß Gesellschaft und Politik in Deutschland sich zunehmend als unfähig erweisen, mit zukunftsträchtigen Technologien vernünftig umzugehen und ihre Chancen und Risiken nüchtern abzuwägen."* [1]

---

[1]　Brief des BDI-Präsidenten *Tyll Necker* an den Bundeskanzler, Zitat aus WELT, 2. März 1993

Daß die Qualität eines Wirtschaftsstandortes in außerordentlichem Maße auch von psychologischen Voraussetzungen abhängig ist, ist bisher allzusehr von volks- und betriebswirtschaftlichen Überlegungen verdeckt worden. Mißtrauen und Angst einer Gesellschaft, wenn sie denn beherrschend werden, schlagen mindestens so zu Buche wie hohe Steuern und hohe Kosten.

Die Frage, ob Politik, Verwaltung, Wirtschaft, Landwirtschaft, Wissenschaft und Medien konstruktiv miteinander kommunizieren oder eher zu Konfrontationsbeziehungen neigen, ist für den Wohlstand einer Gesellschaft - wie für den Bestand überhaupt - ebenso entscheidend wie die Frage, ob die Bürger dieser Gesellschaft prinzipiell mißtrauisch - oder sogar ängstlich - gegenüber der Industrie sind, der Industriebürger in jedem Falle auf Distanz zur Industrie geht. Diese Fragen sind von einiger Bedeutung.

2 Mißtrauen in unserer Gesellschaft

Aus sehr verschiedenen Gründen ist unsere moderne Gesellschaft prinzipiell mißtrauisch. Die Industrie versorgt den Bürger nicht mehr nur mit Gütern und Leistungen, sondern produziert auch permanent Mißtrauen. Das hängt nicht zuletzt mit den politischen Zielvorstellungen zusammen, soziale Sicherheit und allgemeinen Wohlstand garantieren zu wollen, was nur durch den Einsatz hocheffizienter Technik möglich ist. Diese Techniken sind ihrerseits aber notwendigerweise äußerst spezialisiert und komplex, mithin von einem Abstraktionsgrad, der sich jedem Verstehen und Verständnis des Bürgers verschließt. Der Mensch versteht die sich zunehmend rationalisierende Welt, von der er doch zunehmend abhängig ist, nicht mehr. Sie wird ihm fremd und unheimlich.

Aber nicht nur der hohe Abstraktionsgrad moderner Großtechnologien verunsichert und entfremdet. Auch der seit den 70er Jahren immer bewußter werdende Wandel der Wertvorstellungen, verbunden mit einer Auflösung tradierter und den Menschen stabilisierender Orientierungssysteme, hat zur generellen Vertrauenskrise beigetragen.

3 Informationsprobleme unserer Gesellschaft

Dieses **Vertrauens**defizit wurde und wird fälschlicherweise nur allzu oft als **Informations**defizit gedeutet. Diese Deutung geht von der Annahme aus, der Mensch sei unbeschränkt fähig, Informationen zu verarbeiten, und werde außerdem, wenn er sie verarbeitet hat, verstehen und akzeptieren.

Die Verkennung dieses Sachverhaltes hatte zur Folge, daß gerade das Bemühen um immer mehr Informationen dazu führte, daß der Mensch immer weniger verstand. Der Bürger erhielt mehr Informationen, als er sinnvoll in sein Leben einzuordnen vermochte. Daß jedoch Überinformation Streß erzeugt, ist bekannt; und in einem Akt geistiger Gesunderhaltung hat sich dann der Bürger auf seine bewährten Vorurteile zurückgezogen. Jetzt bildet er sich seine Meinung nicht mehr aufgrund einer Information, sondern seine Meinung, die er schon hat, entscheidet darüber, was als Information zu werten ist: Nur das ist Information, was seine Meinung bestätigt. Abweichende Informationen sind interessenverdächtige Manipulationen, Ideologien, oder werden verdrängt.

4 Vertrauensdefizit der Wissenschaft

In dieser Situation vermag auch die Wissenschaft nichts zu klären. So sehr gerade eine »Black-box-Zivilisation« wie die unsere auf Expertenwissen angewiesen wäre [1], so wenig wird den Experten noch vertraut. Im Gegenteil, die Wissenschaft selbst wird als Angst induzierend erlebt. Sie hat für viele nicht nur ihre Unschuld, sondern auch ihre Kompetenz, ihre wissenschaftliche Rationalität, verloren [2]. Sie ist an der Entstehung der Risiken mitursächlich, sie artikuliert sich in Gutachten und Gegengutachten, was den empirisch belegten Eindruck in der Bevölkerung hinterlassen muß: Die Wissenschaft weiß es auch nicht. Von der Wissenschaft ist insofern wenig zu erwarten.

5 Risikowahrnehmung in unserer Gesellschaft

Eine solchermaßen mißtrauische Gesellschaft tut sich in der Tat schwer im Umgang mit ihren Risiken [3] und Ängsten. Es gibt einen gewissen »Double-Standard«. Entscheidet man sich selbst für ein Risiko, ist man offenkundig bereit, auch extreme Risiken einzugehen. Sollte einem

---

[1] *H. Lübbe*, Der Lebenssinn der Industriegesellschaft

[2] *U. Beck*, Politische Wissenstheorie der Risikogesellschaft

[3] Zum Begriff des Risikos: vgl. auch *M. Schüz*, Risiko und Wagnis

dasselbe Risiko von dritter Seite zugemutet werden, man würde es empört ablehnen [1]. Nun nehmen aber in modernen Gesellschaften genau die Risiken zu, die einem durch Entscheidungen - sei es von Unternehmen, sei es von Politikern - **zugemutet** werden. Hinzu kommt die Vermutung, daß die Entscheider sehr gern den Nutzen für sich vereinnahmen, dafür aber den Betroffenen, also den Bürgern, das Risiko belassen, die Entscheidungen mithin samt und sonders zu Lasten der Öffentlichkeit laufen.

Darüber hinaus werden die Risiken kaum noch originär wahrgenommen, sondern nur durch die Medien vermittelt werden. So entstehen abstrakte Vorstellungen, die gleichwohl reale Ängste auslösen. Die Chancen hingegen, die einem möglichen Risiko gegenüberstehen, werden ihrerseits aber auch nicht mehr wahrgenommen, weil man sich an sie bereits gewöhnt hat. Als Saldo bleibt die Angst, und es ist nicht verwunderlich, wenn empirische Untersuchungen in den Industrienationen Europas zu dem Ergebnis kamen, daß immer mehr Bürger sich eher als Opfer, denn als Nutznießer moderner Technologien sehen [2].

6 Angst als eine Grundstimmung unserer Gesellschaft

Die Grundstimmung einer solchermaßen verunsicherten Gesellschaft ist Angst. Diese Angst ist schnell zu mobilisieren. Die positive Aufnahmebereitschaft unserer Gesellschaft für negative Nachrichten hängt mit dieser Angst zusammen. Jede Horrormeldung ist eine Bestätigung eines bisher nur vagen Verdachtes, der Welt der Technik, der Welt der Industrie sei nicht zu trauen. Für unser Selbstwertgefühl tröstlich, macht sie aus unserer Verunsicherung eine verständige Haltung.

Wir haben also alle Veranlassung, uns mit den Ängsten der Bürger, die sich in Mißtrauen und Widerstand ausdrücken, zu befassen, um Einsichten zu gewinnen, wie mit diesen Ängsten umzugehen und wie dem Bürger unserer Industriegesellschaft ein zutreffendes Bild von Technologien, Techniken und ihren Risiken zu vermitteln sei, so daß er eben nicht in ängstlicher Abwehr reagiert, sondern **abwägend** in der Lage ist, sich für oder gegen ein ihm zugemutetes Risiko zu entscheiden.

---

[1] *N. Luhmann*, Die Moral des Risikos und das Risiko der Moral

[2] *H. Junkermann. P. Slovic*, Die Psychologie der Kognition und Evolution von Risiko

II Anmerkungen zur Psychologie der Angst

1 Angst als Orientierungssystem

Zunächst ist es gesicherte Erkenntnis, daß **Angst ein höchst sinnvolles Orientierungssystem** ist, das dann einsetzt, wenn der Mensch die Situation, in der er sich befindet, nicht mehr durchschaut, nicht mehr versteht und deshalb auch nicht mehr zu kontrollieren vermag. Dann reagiert er »richtig«, und zwar mit Abwehr.

Wie eine Gesellschaft mit ihren eigenen Ängsten umgeht, wird bestimmend sein für ihre Zukunft. Angst hat die Evolution gesteuert, war und ist Überlebensreflex schlechthin; denn sie mobilisiert die Abwehr des Überlebensfeindlichen [1].

Angst hat die Geschichte des Menschen geprägt. Geschichte war und ist - auch - eine immerwährende Auseinandersetzung mit seinen Ängsten. Die griechische Antike stellte vornehmlich Phänomene der Furcht heraus, nicht aber allgemeine Weltangst. Man traute der kosmischen Ordnung. Mit der Gnosis und dem frühen Christentum wird erstmals die Grundstimmung der Weltangst dominierend: Die Welt als eine von Gott abgefallene ist auf die Erlösung im Jenseits angewiesen. "In der Welt habt ihr Angst, aber seid getrost, ich habe die Welt überwunden [2].

Zu Beginn der Neuzeit verblaßt das christliche Bewußtsein, und es erwacht ein neues Weltvertrauen, das sich auf die ordnende Kraft der Ratio stützt. Von *Kopernikus*, *Galilei* und *Decartes* bis hin zu *Hegel* wird die Welt als vernünftige Ordnung interpretiert. Nach *Hegel* wird das Vertrauen auf die Vernünftigkeit der Welt brüchig: Wille und Trieb verdrängen die Ratio aus ihrer Vormachtstellung, das »Irrationale« gewinnt an Bedeutung; dieser Zug setzt sich vom späten *F. W. Schelling* und *S. Kierkegaard* über *Nietzsche* und *Freud* bis zur Lebens- und Existenzphilosophie fort. Als bezeichnendes Beispiel sei noch *Sartre* genannt, der die Angst als Konstituens des Handelns interpretiert:

> Der Mensch als ein in eine Welt ohne Werte und Ziele Geworfener und solchermaßen zur Freiheit Verurteilter muß sich selbst entwer-

---

[1] *H. Hedinger*, Die Angst des Tieres

[2] Joh. 12,33

fen, muß handeln. Diese radikale Freiheit bürdet ihm eine ungeheure Verantwortung auf und bringt die Angst vor jeglichem Handeln hervor.

2   Begriffsklärung: Angst und Furcht

Die Prämisse dieser Studie, Standortsicherung sei auch eine Frage der Öffentlichkeitsarbeit und Informationspolitik der Unternehmen, zwingt den Begriff der Angst einzugrenzen, näher zu bestimmen. Auf den ersten Blick mag es geboten erscheinen, nur die sogenannten »zivilisatorischen« Ängste, des öfteren auch »Technikängste« genannt, in Betracht zu ziehen. Aber dieser Blickwinkel ist zu eng. Denn auch in diesen Ängsten sind mächtige, sehr persönliche Ängste des Menschen wirksam und bestimmend für Qualität wie Funktion der »zivilisatorischen« Ängste vor der Gentechnik z.B., vor den Emissionen von Kraftwerken, vor elektromagnetischen Feldern, vor Umweltschäden allgemein. Die Wirklichkeit ist eben bei weitem nicht so exakt, wie unsere Definitionen es suggerieren.

Gleichwohl muß zum besseren Verständnis dieser Arbeit unterschieden werden zwischen »Angst« und »Furcht«. Furcht hat konkrete, mit gewisser Wahrscheinlichkeit voraussagbare Anlässe und kann durchaus mit sinnvollen, wirklichkeitsbezogenen Maßnahmen beseitigt werden. **Furcht signalisiert immer eine beschreibbare Bedrohung.** Sie ist Besorgnis vor etwas Bestimmtem. **Angst ist die Besorgnis vor etwas Unbestimmtem**[1].

Angst hat vielfältige Erscheinungsformen: Es gibt die kreatürliche Angst, dem vegetativen System zuzurechnen, physiologisch als Erregungszustand meßbar. Sie hat die Evolution gesteuert. Es gibt die Angst des Bewußtseins, das sich seiner Endlichkeit bewußt ist, das um Krankheit und Tod weiß. Es gibt die Angst vor dem unerklärlich Mächtigen, dem Numinosen, sehr nahe der Angst vor der Leere, der Sinnlosigkeit, dem Verfehlen, der Schuld und dem Versagen. Es gibt die Angst vor emotionalen oder materiellen Verlusten, die uns arm machen in jeder Hinsicht. Es gibt die Angst der Ohnmacht, die uns zweifeln läßt, die Welt zu verstehen, geschweige denn zu gestalten. Und schließlich gibt es die phobischen Ängste, die den Menschen zwingen zu tun, was er nicht will, ihn krank machen.

---

[1] *E. Bloch*, Prinzip Hoffnung

Allen diesen Ängsten, die in der sozialen Wirklichkeit des menschlichen Lebens einander durchdringen, ist gemeinsam, daß sie nicht durch Maßnahmen *beseitigt* werden können, sondern nur durch Deutungen *erträglich* werden. Man kann und muß lernen, mit ihnen zu leben.

Nicht nur die Ängste also durchdringen einander, sie mischen sich ihrerseits wieder mit Furcht, d.h. sehr real existierenden möglichen Bedrohungen, zu einer bergrifflich nicht mehr zu bestimmenden Gemengelage, die von unseren Interviewpartnern als Befürchtung, als Sorge oder Besorgnis, aber eben auch als Angst und als Furcht angesprochen wurde. Wir belassen es dabei und verwenden alle diese Begriffe mit derselben Unbefangenheit, allerdings wissend, daß die Dinge so einfach nicht sind.

3 Ambivalenz der Angst

Dies alles in Erinnerung zu halten, ist umso wichtiger, als z.B. gerade bei den Ängsten der Bürger vor bestimmten Technologien und Techniken das dem Phänomen »Angst« zugeordnete Element »Deutung« eine erhebliche Rolle für das tatsächliche Verhalten der Menschen spielt. Hat der Mensch für seine Ängste, z.B. vor der Gentechnik oder der Atomtechnik, eine Deutung erfahren, eine Erklärung bekommen, wird er an ihr festhalten, wenn sie seinen Wert- und Weltvorstellungen entspricht. Die Frage, ob der in Rede stehende Sachverhalt zutreffend gedeutet, erklärt wurde, stellt sich ihm eigentlich nicht.

Und verdutzt beobachten wir, daß neben dem wissenschaftlichen Bemühen, Sachverhalte zu klären, ein mediales Schattenboxen um Deutungen und Erklärungen beginnt, das die Situation umso diffuser erscheinen läßt, als die Wissenschaft selbst auch keine eindeutigen Antworten zu geben vermag. Warum das so ist, wird noch im einzelnen beschrieben werden.

So kommt es, daß wir es oftmals mit »objektlosen« Ängsten zu tun haben, die sich ihr Objekt suchen, sich auf ihr Objekt fixieren, um sich durch Bekämpfung dieses Objektes psychologisch zu entlasten. Die Deutung ihrer Angst gebietet ihnen dies. Es entstehen die oft zitierten »vagabundierenden« Ängste.

Aber das ist nur die eine Seite. Die Befürchtungen und Sorgen vor vielen Aspekten moderner Spitzentechnologien sind auch Warnsignale vor möglichen unheilvollen Entwicklungen. Es macht nicht zuletzt die Stabilität und Sicherheit einer offenen Gesellschaft aus, daß jeder seine

Meinungen, also auch seine Ängste, artikulieren darf und soll. Wenn Ängste sich nun so massiv artikulieren, daß sie gesellschaftlich-politisch relevant werden, dann sind sie als ein ernstzunehmender Beitrag zur Entscheidungsfindung zu bewerten, ernster zu nehmen auf jeden Fall, als wissenschaftliche Gutachten, die sofort durch Gegengutachten konterkariert werden. Für diese Ängste nicht sensibel zu sein, kann im ungünstigsten Fall zu Investitionsruinen, d.h. zu erheblichen Verlusten, führen, im günstigsten Fall dagegen zu besseren, d.h. langfristig zukunftsträchtigeren, Verfahren oder Produkten und damit auch zu Exporterfolgen führen.

Mit einem Wort: Ängste der Bürger
- können medial verstärkt, vagabundierend ins Leere laufen,
- sinnlos Forschung und Entwicklung, gewollte und gewünschte Verbesserung von Lebensqualität verhindern,
- sie können aber auch Warnungen vor Fehlentwicklungen sein, und so Motiv technischer und wissenschaftlicher Innovationen werden, die ohne sie gar nicht realisiert worden wären.

Es ist eben die hohe Kunst unternehmerischen Managements, die Ängste der Bürger zu verstehen, zu bewerten und die richtigen Konsequenzen aus ihnen zu ziehen. Das setzt vor allem eines voraus:

➤ Keine Angst vor den Ängsten der Menschen zu haben ◄.

B　Empirische Befunde zur Psychologie der Angst

I　Einstellungen zu Angstthemen

1　Interpretationsfragen

Die Darstellung von Befragungsergebnissen ist stets mit einer Interpretation und Selektion der jeweiligen Ergebnisse oder - in den explorativen Interviews - des jeweils Gesagten verbunden. Deshalb sind hierzu einige Anmerkungen notwendig.

Zunächst einmal werden nur Meinungen hinsichtlich bestimmter Sachverhalte erfragt, nicht aber überprüft, ob die Meinungen sich mit der Wirklichkeit decken. Wenn also dargelegt wird, daß von 1.568 Zielpersonen unserer repräsentativen Erhebung 69% die genverändernde chemische Industrie - Mitarbeiter und Geschäftsführung - für kompetent halten, andererseits aber nur 45% derselben Industrie einen verantwortungsvollen Umgang mit Technologie und Technik zuschreiben, so sagt dies nichts Endgültiges über die tatsächliche Kompetenz oder das tatsächliche Verantwortungsbewußtsein der betreffenden Unternehmen, sondern löst zunächst einmal die Frage aus, wie ein solcher Eindruck in der Öffentlichkeit entstehen konnte. Auch haben die Zahlen als solche einen geringen Erkenntniswert. Zieht man jedoch in Betracht, daß dieselben Befragten der Haushaltsgeräte-Industrie mit 82% Kompetenz und ebenfalls mit 82% verantwortungsvollen Umgang in Sachen Technologie und Technik zubilligen, sollten diejenigen, die es angeht, nachdenklich werden.

Auch die zu Protokoll gegebenen Äußerungen der befragten Experten sagen zunächst nicht mehr aus, als daß diese Experten sich so und nicht anders geäußert haben. Häufen sich jedoch identische oder ähnliche Aussagen, lassen sie sich sogar mehrheitlich zu einer einzigen Aussage verdichten, muß zwar immer noch dahingestellt bleiben, ob diese Aussage auch sachlich zutreffend ist, aber daß eine Mehrheit so denkt, so urteilt, ist an und für sich bedeutsam. Der Mensch orientiert sich eben nicht an der Wirklichkeit - *was ist das überhaupt?* -, sondern an seiner Vorstellung von ihr. Und da wir hier in besonderem Maß Kommunikationsprobleme - Fragen der Öffentlichkeitsarbeit und Informationspolitik - untersuchen, sind für uns auch Mutmaßungen Tatsachen, die den Kommunikationsprozeß insgesamt beeinflussen.

Diese Studie kombiniert standardisierte Befragung mit nicht-standardisierten Interviews. Beide Methoden ergänzen sich, beide haben ihre bekannten Schwächen. Ihre Ergebnisse sind keine Erkenntnisse, sondern vermitteln Sichtweisen, die ihrerseits gedeutet werden müssen mit dem Risiko der Fehldeutung. Dieses Risikos sollte sich der Leser stets bewußt sein. Die Chance der besseren Deutung bleibt ihm allemal.

Das originäre Zahlenmaterial der repräsentativen Erhebung nebst Methodenbeschreibung ist als Anlage beigefügt.

2 Generelle Einstellungen zur Angst

Sowohl die Interviews wie auch die repräsentative Befragung belegen, daß heute persönlich empfundene Angst zugestanden und keineswegs unter dem Druck irgendeines Erziehungsideals verdrängt wird. In den Interviews werden überraschend oft auch eigene phobische Ängste offen angesprochen, und kaum ein Gesprächspartner war fixiert auf den ausschließlichen Aspekt der lähmenden, zerstörerischen Angst. Fast immer wurde auch der positive Aspekt der Angst als Warnsignal, als Motiv zu Engagement, als Herausforderung betont. Der »*ideologische Heroismus*« [1], der das Angst-Haben der Angst-Hasen ächtet, ist ganz augenscheinlich pädagogische Vergangenheit. *"Ein großer Junge hat doch keine Angst!!"*, der Satz kommt in der heutigen Pädagogik offenbar nicht mehr vor. Daß wir uns gleichwohl im Umgang mit den Ängsten der Menschen so schwer tun, mag mit dieser vergangenen Pädagogik zusammenhängen. Wir haben, da man Angst nicht zu haben hatte - sie deshalb eigentlich auch nicht existierte -, keinerlei Kultur und Tradition im Umgang mit Angst und Ängsten entwickeln können. Italien hat es da besser. Was bei uns als feige galt, galt dort als lebensklug - was Mut im übrigen, wenn es die Situation erforderte, keineswegs ausschloß.

Wie dem auch sei, die in unserer repräsentativen Erhebung ermittelten Zahlen sprechen dagegen, daß unsere Bevölkerung etwa ängstlicher als andere Bevölkerungen ist. Etwa ein Viertel bezeichnet sich als ängstlich. Es zeigt sich ein leichter Unterschied zwischen West und Ost (26% vs 32%) und ein sehr großer Unterschied zwischen Männern und Frauen (13% vs 40%).

---

[1] *H.-E. Richter*, Umgang mit Angst

Insgesamt kann man bei der Auswertung der einzelnen Fragen feststellen, daß ängstliche Personen im allgemeinen mehr Angst gegenüber den einzelnen Technologien und Techniken äußern, in der Beurteilung der diese Technologien und Techniken einsetzenden Industrien aber kaum negativer sind.

Nun sagt eine Selbsteinschätzung natürlich nichts Definitives über die tatsächlichen Ängste aus, erlaubt aber zumindest einen internationalen Vergleich, und der zeigt, nach allem, was wir wissen, daß die Verteilung von »sehr ängstlich« - »eher nicht ängstlich« - »gar nicht ängstlich« überall ziemlich konstant ist. Angst ist eben anthropologische Grundausstattung.

3   Spezielle Ängste vor den Ängsten der Bevölkerung

Wir deuteten bereits eingangs an, daß unsere Kultur uns den Umgang mit Angst eigentlich nicht gelehrt hat, nicht lehren konnte. Angst wurde allenfalls als Störfaktor wahrgenommen, den man entweder »in den Griff« bekam oder in der Psychiatrie behandelte. Und so mag es sein, daß gerade die Deutschen - aber vielleicht auch unsere Nachbarn in Österreich und der Schweiz - zwar nicht mehr Angst haben als andere Bevölkerungen, aber unser Führungspersonal mit diesen Ängsten sehr viel umständlicher umgeht.

Unsere Expertengespräche haben für diese Annahme durchaus Hinweise geliefert. Immer wieder haben gerade führende Vertreter aus Politik, Wirtschaft aber auch Wissenschaft in den Interviews darauf hingewiesen, wie sehr die Ängste der Bürger ihren Spielraum, ihre Gestaltungsmöglichkeiten einengten. Sie schenkten offenbar diesen Ängsten äußerste Aufmerksamkeit. Wie sehr gerade Politiker sich unter dem Druck der Öffentlichkeit wähnten, betonten hochrangige Verwaltungsbeamte aus eigener Kenntnis, die sich ihrerseits wieder dem Druck der Politiker nicht glaubten entziehen zu können. Die Vertreter der Wirtschaft schließlich beklagten die legislativen und administrativen Fesseln, die ihnen Chancen im internationalen Wettbewerb nähmen.

So ist denn der Gedanke nicht abwegig, daß die vorhandenen Ängste der Bürger - begründet oder nicht - zu sehr besonderen Ängsten unseres Führungspersonals in Politik, Verwaltung und Wirtschaft führen. Die Politiker haben Angst vor ihren Wählern, die leitenden Beamten haben Angst vor den Politikern, die Unternehmer haben Angst vor den Beamten.

Alle haben Angst vor den Medien, und die Medien haben Angst, daß ihnen Leser oder Zuschauer davonlaufen. Gemeinsam ist ihnen allen aber die Überzeugung, die Deutschen seien ein besonders ängstliches Volk. Ein beängstigendes Verhalten: Aus den vermuteten Ängsten werden reale Ängste, die ihrerseits neue Ängste erzeugen. Diese - wie wir meinen- Fehlvermutungen haben Konsequenzen. Politik und Verwaltung reagieren höchst sensibel auf jeden Vorfall und auf jede öffentliche Aufregung mit immer wieder neuen Vorschriften und Gesetzesvorschlägen, adressiert an die Öffentlichkeit, um zu beweisen, wie sehr man die Ängste der Menschen ernstnimmt, auch wenn längst vorhandene Regelwerke den Vorfall durchaus angemessen zu behandeln erlauben.

Auf sehr eindrucksvolle Weise wird diese gerade von Vertretern der Wirtschaft beklagte »Regelungswut« durch eine Grafik mit exponentiellem Kurvenzug belegt, Bild 1. Sie stellt die Entwicklung der umweltrelevanten Gesetzgebung in der Bundesrepublik Deutschland dar. Jeder Punkt markiert ein neues Gesetz, eine Novelle oder Verordnung [1].

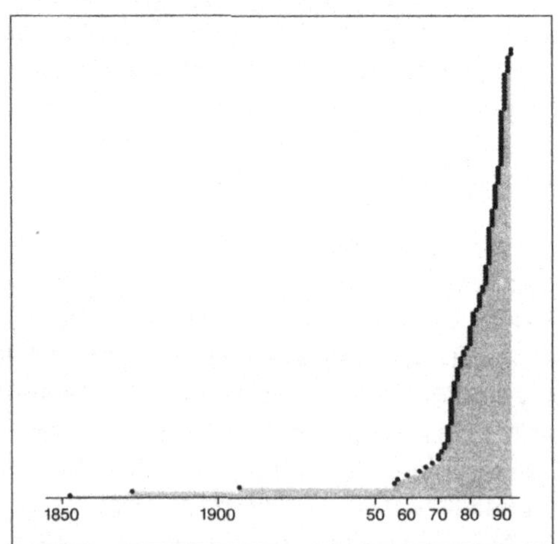

Bild 1: Entwicklung der Gesetz-
gebung auf dem Umweltgebiet
(Bundesrepublik Deutschland).
Quelle: BASF AG, Ludwigshafen

Die Beurteilungsunsicherheiten gerade der Politiker sind in vielen unserer explorativen Interviews angesprochen worden. Zwar werden einerseits Politiker kaum als »Angstmacher« eingestuft, schon deshalb nicht, weil

---

[1] *H.-J. Quadbeck-Seeger*, Der Deutschen Ängste: Ursachen und Folgen für
Innovation und Fortschritt

alle ihre Äußerungen als »politisch« eingestuft werden, denen man also ohnehin mit äußerster Zurückhaltung gegenübersteht; ein Zitat: *"Denen glaubt man so wenig, daß sie nicht einmal Angst erzeugen können"*, andererseits wird ihre Unsicherheit im Umgang mit den hier in Rede stehenden Technologien oder Techniken als besorgniserregend angesehen: Entweder komme es zu Überreaktionen oder zu sehr zögerlichen und zaghaften Entscheidungen, wenn nicht gar zur Entscheidungsunfähigkeit[1].

Die Unternehmen hingegen reagieren mit einer äußerst - von fast allen Interviewpartnern bemerkenswerterweise beklagten - zurückhaltenden, wenig vertrauenerweckenden Informationspolitik. Sie sind stets versucht, bei umstrittenen Vorhaben oder etwaigen Unfällen beschwichtigend-abwiegelnd zu informieren. Die Glaubwürdigkeitsverluste - dies wird noch ausführlich dargestellt werden - sind beachtlich.

Bezogen auf unser Thema »Standortsicherung - auch eine Frage der Öffentlichkeitsarbeit und Informationspolitik« muß angesichts der geschilderten Situation erlaubt sein zu fragen, ob denn - wenn überhaupt - die Ängste der Bürger oder die Ängste unseres Führungspersonals vor diesen Ängsten nicht das eigentliche Problem darstellen.

4   Zwei konträre Einstellungen zur Angst

So verschieden in unseren explorativen Interviews die Begründungen für die eigenen Ängste lauteten, so verschieden waren auch die Ansichten darüber, welche Ängste der Bürger unserer Gesellschaft begründet seien oder nicht. Zwei Positionen standen einander gegenüber. Meinten die einen, gerade die in dieser Studie besonders behandelten »Großtechnologien« lösten zu Recht Ängste aus, befürchteten die anderen, daß genau diese Ängste den Wohlstand gefährdeten und damit das gesamte politische System außerordentlich belasteten. Und in Übereinstimmung mit der jeweiligen Position meinten denn auch die eher systemkritisch Gesinnten unserer Interviewpartner, *"die Leute haben viel zuwenig Angst. Angesichts des bestehenden Gefährdungspotentials müßten sie sehr viel mehr Angst haben"*, während insbesondere Vertreter der Wirtschaft eher glaubten, *"die Menschen haben aber auch vor allem und jedem Angst"*, und ein erboster

---

[1]   Diese Problematik wäre ein Sondergutachten wert. Sie zeigt sich im übrigen auch in der Schweiz und in Österreich.

Manager verstieg sich zu der plastischen Aussage: *"Deutschland, das ist eine Republik der Flatterärsche."*

5   Generelle Ängste der Bürger

Die in unserer Studie behandelten Ängste der Bürger vor Gentechnik, Nukleartechnik, elektromagnetischen Feldern und Umweltschäden (CO_2-Problematik / Treibhauseffekt) sollten im Zusammenhang mit anderen Ängsten gesehen werden.

Ungestützt gefragt [1], werden für die Bundesrepublik Deutschland drei Hauptthemen genannt, die angstbesetzt sind. Das **erste Thema** ist die Angst vor der wachsenden **Kriminalität**. Vor allem im Osten ist diese mit 57% das dominierende Thema. Insgesamt äußert jeder dritte Befragte davor Angst. **An zweiter Stelle**, mit einigem Abstand, steht die Angst vor **Arbeitslosigkeit** und finanzieller Not. Jeder vierte Deutsche äußert sich so, im Osten mit 45% deutlich mehr. **An dritter Stelle** mit 24% steht die **Umweltverschmutzung**, hier sind es vor allem die Westdeutschen mit 36% (gegenüber 18% der Ostdeutschen), die sich davor fürchten. Die Themen Nukleartechnik und Gentechnik kommen erst mit deutlichem Abstand. Elektromagnetische Felder werden gar nicht genannt.

Interessant, wenn auch nicht überraschend, ist die häufiger geäußerte Angst von Frauen vor der Kriminalität (37% vs 31%) und Umweltverschmutzung (26% vs 22%). Die Angst vor Arbeitslosigkeit und finanziellem Abstieg ist bei Männern und Frauen gleich.

Die Angst vor Umweltverschmutzung steigt mit wachsender Bildung und wachsendem Einkommen an.

Die **EMNID**-Erhebung, nach Prioritäten geordnet, ergibt auf die Frage, *"Wenn Sie einmal Ihr Leben und Ihre Umgebung betrachten: Welche Bereiche oder Themen machen Ihnen Angst? Nennen Sie bitte kurz alle*

---

[1]   Die für die Schweiz von dem GfS-Forschungsinstitut, Adliswil / Bern, UNI-VOX, und für Österreich von der Dr. Fessel, GfK Ges.m.b.H, Institut für Marktforschung KG, Wien, herangezogenen Daten kommen zu sehr ähnlichen Ergebnissen. Allerdings scheinen in Öster-reich die Umweltängste ausgeprägter, während in der Schweiz die Arbeitslosigkeit noch größere Besorgnis auslöst. Die Schweizer, an Arbeitslosigkeit in keiner Weise gewöhnt, reagieren äußerst empfindlich auf die für sie neue Situation, obwohl das Problem selbst eine objektiv geringere Relevanz hat als z.B. in Deutschland.

Bereiche, von denen Sie sagen, daß Sie ihnen eher mit Angst gegenüber-
stehen", das in der Tabelle gezeigte Bild.

34%	Kriminalität, Radikale, Überfall
27%	Arbeitslosigkeit, Absturz in Sozialhilfe, finanzielle Not
24%	Umweltverschmutzung, Luftverschmutzung, Ozon
11%	Ausländer, Asylant
10%	Krankheit, Aids
10%	Krieg, Katastrophen
10%	keine Angst
6%	Atom
5%	Wirtschaftslage, Infrastruktur
4%	schlechtere Lebensbedingung, Ernährung
4%	private Themen
3%	Verkehr
3%	hohe Mieten
2%	Altersversorgung
1%	Genforschung, Chemie, chemische Industrie
5%	sonstige
5%	keine Angaben

Daß die Angst vor dem Verlust des Arbeitsplatzes erst an zweiter Stelle
genannt wird, ist erklärungsbedürftig. Drohende Arbeitslosigkeit löst
massive Ängste und Befürchtungen aus, wird sehr persönlich erlebt, aber
eben nur von denen, die es trifft oder treffen könnte. Das ist ein großer,
aber doch begrenzter Personenkreis, während Umweltschäden z.B.
potentiell uns alle betreffen können, und dementsprechend sehr viel mehr
Personen sich bedroht fühlen, wenn auch - in der Regel - keineswegs so
massiv wie im Falle eines drohenden Arbeitsplatzverlustes. Deshalb dürfte
es auch verfehlt sein anzunehmen, wegen der Verschlechterung der wirtschaftlichen Lage würden die Umweltängste an Bedeutung verlieren oder
gar verdrängt werden. die Sorge eines Interviewpartners "für den Erhalt
ihrer Arbeitsplätze sind die Menschen bereit, ihre ganze Umwelt
kaputtzumachen", ist mehr als unbegründet.

Wird dagegen nicht nach beängstigenden Themen, also nach ihrer
Gefährlichkeit, sondern nach den derzeit wichtigsten Themen, also nach
ihrer gesellschaftlichen Relevanz, gefragt, rangiert Arbeitslosigkeit mit

46% weit vor Gewalt und Kriminalität mit 13% und vor Umweltschutz mit 7% [1].

6   Spezielle Ängste der Bürger, repräsentativ erhoben

Im Gegensatz zur Gesamttabelle unserer repräsentativen Erhebung, die den Befragten frei antworten ließ, zeigt die nachstehende Tabelle die Antworten auf die vorgegebene Frage, wie groß gegebenenfalls die Angst vor einer bestimmten Technologie oder Technik, z.B. Gentechnik, sei. Große oder sogar sehr große Angst empfinden vor

Unfall Kernkraftwerke	48%
Emissionen der Chemie	43%
Radioaktivität Kernkraftwerke	40%
Emissionen konventioneller Kraftwerke	34%
Gentechnik	22%
Hochspannungsleitungen	12%
Funktelefone	9%

7   Spezielle Ängste der Bürger, explorativ erhoben

⇒ *Kernenergie*

Überwiegende und übereinstimmende Auffassung von zwei Dritteln der von uns befragten Interviewpartner war, daß Kernenergie *"irgendwie ein erledigtes Thema ist, und je weniger davon gesprochen wird, umso uninteressanter wird"*. Befürworter wie Gegner von Atomkraftwerken hielten gleichwohl die Angst vor dem großen Unfall (GAU) immer noch für dominant. *"Tschernobyl hat einerseits die Diskussion beendet, liefert andererseits neue Emotionen, wenn die Diskussion wieder aufflammt."* Auf diese von einem Wissenschaftler geäußerte Feststellung bezieht sich offenbar eine Äußerung eines Politikers der GRÜNEN: *"Uns kommen Anzeigen der Industrie nur recht. Jede Anzeige, die erklärt, es sei alles bestens, ist nur ein Beweis, daß die Industrie selbst Angst hat."*

Von fast allen Gesprächspartnern wurde die Entsorgungsfrage spontan angesprochen. Daß insoweit keine eindeutige Problemlösung seitens der Wissenschaft und der Unternehmen angeboten werden könne, verhindere,

---

[1]   EMNID, Befragungszeitraum 04.10.-19.10.1993

Uran als Alternative zu fossilen Brennstoffen, die zur Verbrennung zu
schade und für die Umwelt außerdem schädlich seien, erneut zu diskutie-
ren. Das Argument einer *"prozeßbegleitenden Problemlösung ist der
Öffentlichkeit nicht zu vermitteln, und Argumente, die den hohen
Sicherheitsstandard unserer Kernkraftwerke erklären, kommen gar nicht
zum Zuge".*

Die Interviewpartner aus den Bereichen Politik, Wissenschaft und
Wirtschaft wiesen nachdrücklich darauf hin, daß der mangelnde politische
Konsens unserer Energiepolitik und die daraus resultierenden Ungewißhei-
ten ihrerseits angsteinflößend sind.

In deutlicher Abweichung zu den Zahlen der repräsentativen Erhebung
wurde der Frage der Radioaktivität im Zusammenhang mit dem Betrieb
von Kernkraftwerken, mit Ausnahme der systemkritischen Gruppierungen,
relativ geringe Bedeutung in der öffentlichen Auseinandersetzung
beigemessen. Das sei ein Thema, *"mit dem sich einige Personen interessant machen wollen".* Die Nichtbeherrschbarkeit des Super-GAU sei das
Thema, nicht das Problem der Radioaktivität.

⇒ *Umweltschäden/Emissionen*

Die von uns befragten Vertreter der verschiedensten Gruppierungen, die
sich ja zu den Ängsten der Bevölkerung äußern sollten, vermuteten mit
recht hoher Übereinstimmung folgende Reihenfolge der Befürchtungen und
Besorgnisse:

- Emissionen der Chemie, Ängste vor der Chlorchemie
- Emissionen der Müllverbrennungsanlagen, insbesondere Sondermüll,
  Mülldeponien
- Klimaveränderungen/Treibhauseffekt/Ozon in Verbindung mit
  Hautkrebs
- Emissionen konventioneller Kraftwerke.

Übereinstimmung bestand in der Bewertung der Belastungen:
Weniger die mögliche Boden- oder Wasserverseuchung sei bedenklich,
sondern ganz und gar überwiegend die Belastungen der Luft und damit der
Atemwege.

Den Gefährdungen durch Umweltschäden wird von fast allen der von uns
Befragten eine andere Qualität als den Risiken der Kernenergie zugeschrieben. Gelte die Kernenergie für viele Bürger als prinzipiell

unbeherrschbar, werde hinsichtlich der genannten Emissionsgefahren, die prinzipiell durchaus beherrschbar seien, nur nicht genügend getan. Diese Einschätzung wird bestätigt durch unsere Interviews mit Bürgern. Man geht davon aus, daß *"die Industrie immer nur das gesetzlich Vorgeschriebene tut, um Kosten zu sparen"*. Gerade jüngere Interviewpartner reagierten bei diesem Thema heftig. Sie waren in ihrer Mehrheit *"voller Sorge, daß uns eine globale Umweltkatastrophe ereilen könnte"*. *"Schon in Kürze wird die Welt nicht mehr zu retten sein, und die Industrie denkt an Sparen."*

Die Gesprächspartner aus der Landwirtschaft wollten nachdrücklich festgestellt wissen, daß sie an Luftverschmutzung, Waldschäden, Gewässerverunreinigung keine Schuld träfe. Sie beklagten außerordentlich den Widerstand eines Teils der Öffentlichkeit gegen Müllverbrennungsanlagen, die bei Anwendung des letzten Standes der Technik weitgehend umweltschonend seien, während die Mülldeponien Land verbrauchten und vor allem eine Beeinträchtigung der Qualität der Lebensmittel durch in den Boden gesickerte Schadstoffe zur Folge haben könnten.

⇒   *Gentechnik*

Einig waren sich die von uns Interviewten, daß die ganze Diskussion zum Nutzen und Risiko der Gentechnik von begrifflichen Unklarheiten geprägt sei. Das semantische Durcheinander beherrschte auch die Gespräche mit den Interviewten selbst. So wurde die Gentechnik von einigen vehement als Eingriff in die Natur, in die Schöpfung abgelehnt, auf Vorhalt ihr Nutzen in der Medizin jedoch bejaht. Innerhalb der medizinischen Anwendung wußten nur wenige zu unterscheiden zwischen Genomanalyse, Reproduktionsmedizin, somatischer Anwendung und Eingriffen in die Keimbahn. Mit einem Wort: Das Informationsdefizit ist groß. Daß die Wissenschaft selbst durch die unglückliche Wortwahl der Gen-*Manipulation* - Manipulation ist nun einmal ein negativ besetzter Begriff - dem Image der Gentechnik einen schlechten Dienst erwiesen hat, sei nur am Rande vermerkt.

Immerhin, in den Interviews wurden drei Befürchtungen als vermutete Ängste der Bevölkerung ausgemacht:

- Die Angst, Gentechnik könne sich als letztendlich unkontrollierbar und unbeherrschbar erweisen. Es würden Entwicklungen in Gang gesetzt, die irreversibel seien, deren Konsequenzen, d.h. das sogenannte Restrisiko, seien nicht einmal annähernd einschätzbar. Diese Befürchtung wurde von der Mehrheit als »Hauptangst« bezeichnet.

- Die Sorge, Erkenntnisse der Gentechnik könnten zu Mißbrauch, zu unmittelbarer Manipulation des Menschen führen oder zu medizinisch-genetischer Selektion unseligen Angedenkens. Diese Ängste wurden hauptsächlich den politisch engagierten systemkritischen Gruppierungen zugeschrieben.

- Die Besorgnis, mit den ethischen Implikationen der Gentechnik werde die Gesellschaft, deren Wertvorstellungen ohnehin verblaßten, einfach nicht fertig werden. Diese Auffassung äußerten besonders nachdrücklich Vertreter der Kirchen und der systemkritischen Gruppierungen. Einig war man jedoch mit den anderen Interviewpartnern, daß diese Ängste eher Befürchtungen einer sehr kleinen Minderheit seien.

Die Einstellungen der einzelnen Bereiche, also Wirtschaft und Landwirtschaft, Politik, Verwaltung, Wissenschaft, Medizin, Kirche und systemkritische Gruppierungen differierten erheblich.

Während die Letztgenannten allenfalls und unter vielen Kautelen Gentechnik in einem sehr begrenzten Maße in der Medizin zulassen wollen - die Fundamentalisten lehnten Gentechnik prinzipiell ab: *"Gentechnik ist ein qualitativer Schritt in eine Welt, die wir nicht wollen"* [1] - bejahten die Vertreter der Wirtschaft einmütig die Gentechnik als eine der großen Zukunftstechnologien, an die den Anschluß zu verlieren große Nachteile für den Standort eines Landes bedeute.

Im übrigen warfen die Wissenschaftler den Medien vor, durch Sensationsberichterstattung das Thema ungebührlich zu dramatisieren, während die von uns befragten Journalisten sich über die Wissenschaftler beschwerten, *"die keine zuverlässigen Angaben über die Folgen der Gentechnik machen, entweder weil sie diese auch nicht kennen, oder sich nicht in die Karten gucken lassen wollen"*.

Unsere Gesprächspartner aus der Landwirtschaft wiesen darauf hin, daß Gentechnik von ihnen akzeptiert werde, soweit es um Züchtung resistenter Kulturen, Stabilitätssicherung oder Behandlung von Saatgut ginge. Auch in der Nahrungsmittelverarbeitung - Haltbarkeit, Verlängerung der Frischezeiten - bestünden keine Bedenken gegen den Einsatz von Gentechnik. Bei der Herstellung von Nahrungsmitteln würden gentechni-

---

[1] So eine entschiedene Stellungnahme aus der Schweiz.

sche Manipulationen voraussichtlich auf Widerstand stoßen. Die Landwirtschaft sei im übrigen, unabhängig von eigenen Einstellungen zur Frage der Gentechnik, abhängig von den Auffassungen der Verbraucher. *"Wenn unsere Käufer Gentechnik ablehnen, lehnen wir sie auch ab."*

Originärer Widerstand in der Bauernschaft sei jedoch dann zu erwarten, wenn Leistungs- und Produktionssteigerung die Zielvorstellungen der Gentechnik in der Landwirtschaft seien. Dann fürchteten viele der kleinen und mittleren Landwirte Wettbewerbsnachteile und das Höfe-Sterben nehme weiter zu.

Ungeachtet dessen waren sich alle darüber einig, daß die neuen Biotechnologien in ihrer Gesamtheit auch eine Strukturänderung der Landwirtschaft erzwingen würden. Aber Angst vor Strukturwandel ist etwas anderes als Angst vor Gentechnik.

Wenn auch aus verschiedenen Gesichtswinkeln, waren doch alle Interviewpartner einig, *"daß das Thema Gentechnik sich selbst aufblasen werde, wenn nicht alsbald Klarstellungen erfolgten, die deutlich machten, was man mit der Gentechnik wolle und - vor allem - was nicht"*. Dabei komme es auf die Darstellung des Nutzens ebenso wie auf die Frage der ethischen Vertretbarkeit an. Darauf wiesen insbesondere die Vertreter der Kirchen hin. *"Je weniger jetzt Wirtschaft, Wissenschaft und Politik durch seriöse Berichterstattung erklären, was gewollt wird, umso verrückter wird später die Diskussion laufen"*.

Fast alle Gesprächspartner gingen im übrigen davon aus, daß im Zusammenhang mit Nahrungsmitteln gentechnisch produzierte Erzeugnisse gekennzeichnet sein müßten.

⇒   *Elektromagnetische Felder*

Nach allen uns vorliegenden Äußerungen unserer Interviewpartner ist die Angst vor elektromagnetischen Feldern kein Angstthema im Sinne unserer Untersuchung.

Zwar besteht kein Zweifel, daß in unmittelbarer Nähe von Hochspannungs-Wechsel-Feldern oder Emissionsfeldern in der Nachrichtentechnik elektromagnetische Felder existieren, in deren Bereich sich aufzuhalten gesundheitsgefährlich ist - aber dort pflegt man sich auch nicht aufzuhalten. Und über diese Felder wird auch nicht diskutiert.

Ein Angstthema sind elektromagnetische Felder ohne Frage für Personen, die in unmittelbarer Nähe von Hochspannungsleitungen leben. Diese Ängste sind lokal, sie spielen vor Ort eine Rolle. Sie ernstzunehmen, ist umso empfehlenswerter, als mißachtete Ängste relativ schnell in Gewalt umschlagen können. Und Leitungsmasten sind sehr schwierig zu schützen. Aber immerhin, es sind eben lokale Ängste.

Die von uns befragte Kontrollgruppe »Bürger« konnte mit dem angesprochenen Problem kaum etwas anfangen. Drei Viertel aller Befragten wußten buchstäblich nichts von elektromagnetischen Feldern, und der Rest hatte vage Vorstellungen von schleichenden Krankheiten und erklärte: *"Ich möchte auch nicht unter einer Hochspannungsleitung leben."*

Die Journalisten, aber auch die Vertreter der Wirtschaft glaubten nicht, daß es nennenswerte, in der Öffentlichkeit diskutierte Ängste vor elektromagnetischen Feldern gebe. Man entsann sich einer Fernsehsendung »Total unter Spannung«, auch daß es einen »*Verband der Elektro-Sensiblen*« gäbe, aber alles in allem hielt man diese Ängste für gesellschaftlich/politisch irrelevant.

In den systemkritischen Gruppierungen wird das Thema nach Ansicht unserer Gesprächspartner noch kontrovers diskutiert. *"Wir haben noch nicht genügend Informationen." "Wir wissen selbst noch nicht Bescheid."* Für einen Fehler würde man es jedoch halten, wenn sich Wissenschaft und Industrie auf totale Leugnung jeglicher Gefährdung und im übrigen auf europäische Grenzwerte zurückziehen würden. Aus einem solchen Verhalten könne dann »Ein großes Thema« entstehen.

Hierzu meinte ein sehr kompetenter Behördenvertreter, es sei *"absolut verfehlt, aus der ganzen Problematik eine formale Grenzwertdiskussion zu machen"*; denn daraus werde mit Sicherheit ein Disput werden, der die Verfechter von »Grenzwert-Einhaltung = Sicherheit« ziemlich alt aussehen ließe.

Die Wissenschaftler, soweit sie für elektromagnetische Felder von Leitungen oder Funktelefonen fachkompetent waren, hielten die Ängste, wenn sie denn bestehen, für unbegründet. Sie befürchteten aber, daß bei unglücklichem Verlauf der öffentlichen Diskussion zur Frage der elektromagnetischen Felder die ganze Telekommunikationstechnologie in angstauslösende Auseinandersetzungen gezogen werde, und *"dann verpassen wir auch in der letzten Spitzentechnologie, in der wir noch Chancen haben, den Anschluß"*.

Aus dem Bereich der Wissenschaft kam auch die besorgte Frage, ob die betroffene Industrie begreife, daß es weniger um eine rationale Argumentation von Risikofragen ginge, sondern um vage Ängste, wenn z.B. im Zusammenhang mit dem Mobilfunk befürchtet wird, man könne durch die Speicherung der Rufnummern Bewegungsbilder der Gesprächsteilnehmer erstellen. Der »gläserne Mensch« als Konsequenz des Funktelefons.

8   Reaktionen der Bürger auf ihre eigenen Ängste

Von Bedeutung für unsere Untersuchung ist nicht nur die Frage, welche Ängste die Bürger bewegen, sondern vor allem, wie sie auf diese Ängste reagieren, welche Schlußfolgerungen sie für sich selbst angesichts ihrer Ängste ziehen. Mit einem Wort, wie sie sich verhalten. Wir haben deshalb gefragt:

Wenn Sie vor den Technologien Angst haben, wie gehen Sie damit um? Sagen Sie mir bitte zu jeder Technologie den Satz aus der Liste, der am ehesten Ihre Verhaltensweise beschreibt.

⇒ Positiv: Damit muß man leben, wenn man die Vorteile der Technik genießen will

⇒ Resignativ: Man kann ja doch nichts ändern

⇒ Konträr: Man muß sich dagegen wehren, z.B. indem man die GRÜNEN wählt oder Bürgerinitiativen gründet oder auf Demonstrationen geht oder bestimmte Produkte boykottiert

⇒ Aggressiv: Man muß sich dagegen wehren, wenn nötig mit Gewalt.

Zu erwarten war das hohe »aggressive« Potential bei Kernkraftwerken. Überraschend ist dagegen das hohe konträre, aktive Potential beim Treibhauseffekt durch fossile Brennstoffe und bei chemischen Emissionen.

Ängstliche Personen neigen im allgemeinen zu mehr resignativen, aber auch zu mehr konträren Einstellungen, wobei dies je nach Technologie oder Technik differiert.

Zu erwarten war das hohe »aggressive« Potential bei Kernkraftwerken. Überraschend ist dagegen das hohe konträre, aktive Potential beim Treibhauseffekt durch fossile Brennstoffe und bei chemischen Emissionen.

In Prozentzahlen	Positiv	Resignativ	Konträr	Aggressiv
Gentechnik	24%	33%	33%	5%
Hochspannung	25%	35%	28%	5%
Handy	27%	26%	33%	5%
Unfall KKW	20%	26%	36%	13%
Radioaktivität KKW	20%	28%	36%	12%
Treibhauseffekt	17%	28%	43%	8%
Chem. Emission	17%	26%	44%	9%

Ängstliche Personen neigen im allgemeinen zu mehr resignativen, aber auch zu mehr konträren Einstellungen, wobei dies je nach Technologie oder Technik differiert.

Dieses Ergebnis wurde durch unsere explorativen Interviews weitgehend bestätigt. Unabhängig vom spezifischen Angstpotential scheint sich in der Bevölkerung nachstehende Meinungs- und Verhaltensstruktur abzuzeichnen:

Etwa ein **schwaches Drittel** bejaht prinzipiell die gegenwärtige Art des Umgangs mit Technologie und Technik.

Ein **starkes Drittel** ist eher skeptisch, nicht dezidiert ablehnend, aber doch zweifelnd, ob unsere Gesellschaft den richtigen Weg geht.

Ein **weiteres starkes Drittel** lehnt die heutige Verfahrensart entschlossen und protestierend ab.

Eine sehr **kleine Minderheit** ist bereit, ihrer Ablehnung auch mit Gewalt Ausdruck zu verleihen.

Sollte sich in Deutschland, Österreich und in der Schweiz, wofür die Protokollauswertung der Interviews spricht, eine Mehrheitsverschiebung von »Positiv« über »Resignativ«, »Konträr« in Richtung »Aggressiv« als Trend abzeichnen, steuern diese Gesellschaften eine äußerst prekäre Situation an; denn wir wissen nicht, ob, und wenn, unter welchen Voraussetzungen und mit welchen Regeln solche Gesellschaften wettbewerbsfähig sind.

III Einstellungen zur Rolle der Medien

1 Medien im gesellschaftlichen Kommunikationsprozeß

Die Menschen unserer Gesellschaft beziehen ihre Vorstellungen von der Wirklichkeit ganz wesentlich durch Medien. Sie erleben die Welt gebrochen durch eine mediale Vermittlung. Die Wirklichkeit verschwindet. Unter dem Anschein von »informativem Weltgewissen« bewirken Medien einen Wirklichkeitsentzug und unterschieben dem Bürger eine "reproduzierte Wirklichkeit, die mit eigenem Erleben nichts mehr zu tun hat"[1].

Wenn also Bürger Ängste gegenüber bestimmten Technologien äußern, dürften diese überwiegend nicht durch persönliche Erfahrung mit einem Ereignis, sondern eher durch die Berichterstattung über ein Ereignis entstanden sein. Wenn allerdings ein Ereignis wie Tschernobyl potentiell persönliches Betroffensein bedeuten kann, verdichten sich eigenes Erleben und Medienwirkung bei entsprechender Prädisposition zu so intensiv empfundener Angst, daß sie - in unserem Fall eine junge Mutter - zum Psychotherapeuten führen kann. Daß also die Medien bei der Entstehung von Ängsten eine erhebliche Rolle spielen, ist unbestritten.

2 Bedeutung des Fernsehens

Keinem Zweifel unterliegt, daß dem Fernsehen im Zusammenhang mit unserer Frage nach den Angstauslösern erhebliche Bedeutung zukommt. Dies wurde auch in allen explorativen Interviews nachdrücklichst bestätigt.

Das Fernsehen hat auf den Zuschauer eine eigentümliche Wirkung. Es löst den Menschen unmerklich aus seinem ihm vertrauten Leben heraus, und die Suggestivkraft der Bilder übernimmt die Führung. Bilder sind eben Schüsse ins Hirn, die das Herz treffen. Was ein Mensch normalerweise erlebt, was er sieht und was er hört, geht ihn etwas an. Es hat eine unmittelbare Beziehung zu seiner Lebenssituation. Deshalb versteht er sie. Er vermag seine Eindrücke und seine Erfahrungen zu einer Einheit zusammenzufassen, weil er sie eben in sein Leben einordnen kann.

Das Fernsehen löst diesen Zusammenhang auf. Es überschüttet uns mit einer Fülle von Bildern, die uns eigentlich nichts angehen, die keine

---

[1] *H. von Hentig*, Das allmähliche Verschwinden der Wirklichkeit

Beziehung zu unserer Lebenssituation haben. Die medienbedingte Informationshektik des Fernsehens präsentiert uns darüber hinaus die Ereignisse ohne ihre Entwicklung, und so wirken sie fast immer wie Katastrophen, denn was ist eine Katastrophe anderes als eine unheilvolle Entwicklung, die sich auf einen uns überraschenden Moment verkürzt.

3   Bedeutung der Print-Medien

Auch die Print-Medien haben ihre Eigengesetzlichkeit, die für unsere Frage von Bedeutung ist. Sie müssen sich an den Vorlieben und Abneigungen ihrer Leser orientieren. Sie müssen »interessant« sein, »aktuell« und »dramatisch«. Sonst liest sie keiner. Sie können keine gelehrten Abhandlungen schreiben, Sachdarstellungen sind eher langweilig, Personen und Personalisierung sind gefragt. Damit kann sich der Leser identifizieren, auch seine eigenen Emotionen festmachen.

Gleichwohl kommt nach Auffassung der Mehrheit unserer Interviewpartner gerade den seriösen Zeitungen und Wochenzeitschriften wie SPIEGEL, FOCUS und ZEIT - diese wurden am häufigsten genannt - ein erheblicher Einfluß auch in Fragen der Technikakzeptanz und Risikokommunikation zu. Immer wieder wurde auf die Bedeutung des populär-wissenschaftlichen Journalismus hingewiesen. Für die »Emotionalisierung« der Auseinandersetzung um die Gentechnik wurden sehr nachdrücklich Boulevardblätter und Illustrierte verantwortlich gemacht.

4   Vertrauen in die Medien

Zur allgemeinen Frage, ob und in welchem Umfange man Vertrauen in die Berichterstattung der Medien habe, votierten die Befragten in einer anderen EMNID-Befragung - Zeitraum Anfang 1993 - wie folgt:

61%   vertrauen dem Rundfunk
52%   vertrauen dem Fernsehen
42%   vertrauen den Print-Medien (Zeitungen)

5   Medien als Angstauslöser, repräsentativ erhoben

In unserer repräsentativen Untersuchung befragten wir die Bevölkerung, durch welche Medien denn bei den Befragten Ängste vor den hier in Rede stehenden Techniken ausgelöst worden seien. Bezogen auf alle Befragten - 1.568 Personen - ergab sich folgendes Bild:

Zahlen in Prozent

	Fernsehen Allgemein- bericht	Fernsehen Ereignis- bericht	Zeitung Allgemein- bericht	Zeitung Ereignis- bericht
Gentechnik	29	20	15	14
Hochspannung	16	9	8	10
Handy	13	7	8	8
Unfall KKW	30	37	18	22
Radioaktivität KKW	32	26	19	18
Treibhauseffekt	32	18	18	16
Chemische Emission	34	21	18	17

Zieht man für die Auswertung nur die Befragten heran, die bereits Angst vor einer bestimmten Technologie oder Technik geäußert hatten, zeigt sich eine gewisse Verschiebung der Zahlen (bezogen auf die Befragten, die vor den Technologien Angst geäußert haben):

Zahlen in Prozent

	Fernse- hen Allge- meinbe- richt	Fernse- hen Ereignis- bericht	Zeitung Allge- meinbe- richt	Zeitung Ereignis- bericht	Anzahl der befragten Personen
Gentechnik	44	30	23	21	1.020
Hochspannung	39	23	19	25	641
Handy	39	21	24	25	515
Unfall KKW	37	47	22	27	1.251
Radioaktivität KKW	42	34	25	24	1.180
Treibhausef- fekt	44	25	25	22	1.137
Chemische Emission	43	27	23	22	1.227

Hier wird eines deutlich: Es gibt einen gravierenden Unterschied bei den Angstauslösern zwischen ängstlichen und nicht-ängstlichen Personen.

Bei den Themen Gentechnik, Hochspannungsleitungen, Radioaktivität bei KKW und Treibhauseffekt durch fossile Brennstoffe werden ängstliche Personen in wesentlich höherem Maße durch Berichte im Fernsehen beeinflußt als nicht-ängstliche Personen. Umgekehrt werden nicht-ängstliche Personen stärker durch Zeitungslektüre beeinflußt als ängstliche.

6 Kommunikationsverhältnis von Medien, Wissenschaft, Politik/Verwaltung und Unternehmen zueinander

Das Kommunikationsverhältnis der Medien - soweit es unser Thema betrifft - zur Politik/Verwaltung und vor allem zu den Unternehmen, deren Technologien und Techniken hier abgehandelt werden, bestimmt ganz wesentlich das öffentliche Bewußtsein. Die Einstellungen unserer Bevölkerung sind entschieden geprägt von der Qualität des Kommunikationsprozesses dieser Bereiche untereinander.

Nun ist »Standortsicherung - auch eine Frage der Öffentlichkeitsarbeit und Informationspolitik« ein wirtschaftlich bedeutsames Thema. Wenn der angemessene Umgang mit den Ängsten der Menschen - wie es die These dieser Arbeit ist - wesentlich zur Standortsicherung beiträgt, gerade hinsichtlich dieses Umgangs erhebliche Defizite auszumachen sind, ist mit massiven Schuldzuweisungen zu rechnen.

Schuldzuweisungen zerstören, wie man weiß, jegliche konstruktive Kommunikation. Da es in unserem Kontext auf die Beziehungen zwischen Unternehmen, Medien und Wissenschaft ankommt, ist deren Verhältnis zueinander von außerordentlicher Bedeutung. Zugang zum Verständnis von problematischen Kommunikationsbeziehungen findet man dann, wenn man sich zunächst vier Fragen beantwortet:

⇒ Wie schätzt man sich selbst ein ?
⇒ Wie schätzt man den anderen ein ?
⇒ Wie glaubt man, schätze der andere einen selbst ein ?
⇒ Wie schätzt der andere einen wirklich ein ?

Diesem Muster in etwa folgend, haben wir Führungskräfte der Wirtschaft, der Verbände, der Politik und Verwaltung, der Wissenschaft und schließlich der Medien selbst gefragt, welche Rolle zunächst die Medien im Zusammenhang mit den Ängsten der Bevölkerung spielten.

7   Einstellungen der Wirtschaft, Politik/Verwaltung zu den Medien

Aus der Sicht der von uns befragten Vertreter der Wirtschaft sind die Medien **die** Angstmacher. Ziemlich pauschal heiß es: *"Bad news are good news"*, sei der Grundsatz aller Medienberichterstattung. Zwar wird differenziert, aber eigentlich nur nach Regel und Ausnahme. Die Regel sei *"das große Geschäft mit der Angst"*. *"Große Gewinne lassen sich damit erzielen, daß man eine neue Angst erfindet oder alte Ängste aufwärmt und erneut ins Bewußtsein hebt"*. *"Es gibt eben keine faire Berichterstattung mehr"*, *"wir haben es mit völlig zügelloser Berichterstattung zu tun"*. Nach diesem Rundumschlag, in dem, durchaus von den Befragten gewollt, Mißachtung zum Ausdruck kommt, werden die Vorwürfe auf das Fernsehen konzentriert. *"Im Kampf um die Einschaltquoten ist jedes Mittel recht, vor allem das Geschäft mit der Angst."* *"Einschaltquote schlägt Moral."* Hinzu komme, daß nur allzu oft - und hier wurden Namen genannt - *"bestimmte Redakteure und Kommentatoren ihre Vorstellungen im Kampf gegen Staat und Gesellschaft manipulativ durchsetzen wollen"*. Und ein Interviewpartner schließlich formulierte, *"Medien sind für das Entstehen von Ängsten nicht nur ursächlich, sondern auch verantwortlich"*.
Diese Äußerungen, die eben nicht nur von einigen, sondern ganz überwiegend von der Mehrheit unserer Interviewpartner zu Protokoll gegeben wurden, belegen, wie verhärtet die Fronten sind. Da ist nicht Kommunikation, sondern Konfrontation angesagt.

Nun soll und muß noch einmal daran erinnert werden, daß die wiedergegebenen Vorwürfe keineswegs repräsentativ für die Chefetagen von Großunternehmen sind, aber in ihrem Tenor deutlich werden lassen, wo *ein* entscheidendes Kommunikationsproblem unserer Gesellschaft liegt: In einem teilweise zutiefst gestörten Verhältnis zwischen Wirtschaft und Medien.

Die Kritik aus den Bereichen Politik und Verwaltung deckt sich bis zu einem gewissen Grade mit den Auffassungen, die von Wirtschaftsvertretern geäußert wurden, fällt aber im großen und ganzen nachdenklicher aus. Zwar gehen auch diese Interviewpartner von einer angstauslösenden und angstverstärkenden Wirkung gerade des Fernsehens aus, glauben aber, daß dies überwiegend mit dem Medium als solchem zusammenhängt. *"Schon durch die Zusammenstellung von Nachrichtensendungen, durch notwendige Verkürzungen entstehen schiefe Bilder."* *"In unserem Verhältnis zu den Medien spielen Mißverständnisse oder beiderseitiges Nichtverstehen der jeweiligen Arbeitsbedingungen eine große Rolle, nicht böswillige*

Manipulation", meinte ein in Presseauseinandersetzungen erprobter Staatssekretär. Überwiegende Meinung war auch, *"mit den Print-Medien können wir leben"*. *"Zwar bringen sie unsere Information meist anders, als wir sie gemeint haben, aber dahinter steckt wahrscheinlich keine böse Absicht, sondern Zeit- und Platzmangel."*

8 Einstellungen der Wissenschaft zu den Medien

Die Aussagen der von uns interviewten Wissenschaftler - insgesamt 10 - sind nur als Einzelurteile zu werten. Zusammenfassend kann man feststellen, daß sie zu den Medien ein nicht ungetrübtes Verhältnis hatten. Auch sie sahen im Fernsehen einen »Angstmacher«, meinten aber, daß es zum Informationsauftrag gehöre, über Ereignisse und Vorfälle zu berichten, die eben angsterregend seien. Nur einige Medien könne man zur »doomsday-industry« zählen, der die *"Inszenierung des Bedrohlichen"* Herzensangelegenheit - und ein gutes Geschäft - sei [1].

Nach den Erfahrungen eines Gesprächspartners, der sich auf viele einschlägige Gespräche mit Studenten berief, genießen Nachrichten und Wissenschaftssendungen eine hohe Glaubwürdigkeit bei den Studenten und hätten eine entsprechende Wirkung. Er selbst nahm dies zum Anlaß, engagiert das Verhältnis der Wissenschaft zu Wissenschaftsredakteuren durch Besuche und Einladungen optimal zu gestalten. Alle betonten, wie bedeutsam die öffentliche Verbreitung wissenschaftlicher Erkenntnisse gerade für eine technisch-wissenschaftlich ausgerichtete Gesellschaft sei. Zu diesem Punkt wird noch einiges zu sagen sein.

9 Einstellungen der systemkritischen Gruppierungen zu den Medien

Für die meisten Gesprächspartner aus diesen Gruppierungen artikulierten die Medien lediglich Ängste, die die Menschen bereits hätten. *"Sie wirken angstverstärkend, aber die Angst muß schon da sein." "Insofern bestätigen sie nur, was vorher an Meinung aber auch Befürchtung vorhanden war."*

Für sich selbst nahm die Mehrheit gerade der von uns befragten GRÜNEN in Anspruch, Ängste nicht zu instrumentalisieren. *"Angst zu erzeugen, ist kein Lösungsansatz auf Dauer. Mit Angst kann man vielleicht kurzfristig*

---

[1] So *H. Markl* in einer Analyse des Angstphänomens FAZ 20.10.1993

politische Ziele erreichen, aber nicht nachhaltige ökologische Verbesserungen." Dies unterscheide sie, die GRÜNEN, von ideologisch fixierten Fundamentalisten, die keine Lösungsansätze für Probleme suchten, sondern ein System verwirklichen wollten, in dem es diese Probleme nach ihrer Auffassung gar nicht gäbe.

Im übrigen beriefen sich unsere Gesprächspartner aus den systemkritischen Gruppierungen - im Gegensatz zu allen anderen Befragten - hinsichtlich ihrer Ängste sehr oft auf persönliche Erlebnisse wie eigene Allergien, Sehen des Waldsterbens, Beobachtung von Flußwasserverfärbungen. Verständlich also ihre Meinung, die Medien bestätigten eher Ängste, die vorher bereits da waren.

10   Einstellungen der Medien selbst zu den Medien

Ungeachtet der sehr verschiedenen Tätigkeitsbereiche und ideologischen Positionen der von uns befragten Journalisten, deckten sich ihre Auffassungen zum Thema »Angst« in überraschender Weise.

Übereinstimmend wiesen sie zunächst darauf hin, daß die Medien, gleichgültig ob Fernsehen oder Print-Medien, Ängste der Bevölkerung nicht erzeugten, sondern über Ereignisse oder Vorfälle berichteten - und auch zu berichten hätten - die möglicherweise ihrerseits angsterregend oder beängstigend wären. *"So wie die Sinnesorgane eines Menschen eine Gefahr signalisieren und dadurch Angst auslösen, so informieren Medien die Öffentlichkeit über dieses und jenes - und Ängstliche bekommen Angst."*

Für unsere Gesprächspartner war die geistige Verfassung der Leser oder Zuschauer bei weitem wichtiger für die »angstauslösende« Wirkung der Medienberichterstattung als alles andere. Nicht wenige beriefen sich insoweit auf Leserbriefe an ihre Redaktion.

"Wenn die Vorstellungswelt unseres Lesers voraussetzt, daß etwas ganz Bestimmtes passieren kann, oder sogar muß, dann hat unsere Berichterstattung, wenn etwas dergleichen passiert ist, angstauslösende Wirkung, aber eigentlich haben wir nur vorhandene, latente Angst aktualisiert." Ähnlich sei es, wenn jemand ein persönliches Angsterlebnis gehabt habe. Dann werde natürlich eine Information, die sein Erlebnis betreffende

Erinnerungen in ihm wachruft, auch "Ängste mobilisieren". Wenn umgekehrt *"die Lebenswelt unserer Leser von einer gewissen Zuversicht, einer Art Gottvertrauen geprägt ist, werden auch Schreckensmeldungen gefaßt aufgenommen"*.

Im übrigen, und auch insoweit bestand Übereinstimmung bei unseren Gesprächspartnern, suche sich der Leser seine Zeitung oder Zeitschrift und der Zuschauer sein Programm selbst aus. Mit der Art der Berichterstattung wähle man auch die Ängste, auf die man anspricht. *"Wer z.B. die Öko-Zeitschrift »NATUR« liest, weiß, was ihn an Angsterregendem erwartet."* *"Stimmungen, die vorhanden sind, wollen Bestätigung"*.

Die meisten der von uns Befragten meinten, Leser oder Zuschauer - Zuschauer eher mehr als Leser - konsumierten Information als Unterhaltung und *"Angst haben, ist ja auch schön gruselig"*. Konsequenzen für Denken und Verhalten - im Kontext unseres Themas - habe das alles nicht. Das Medien Fakten manipulieren könnten, sei nicht auszuschließen, aber auch nicht die Regel. Manipulationsmöglichkeiten lägen eher in der Art der Präsentation und der Auswahl des zu präsentierenden Materials. Aber, und darauf wiesen mehrere unserer Interviewpartner nachdrücklich hin, viel häufiger sei der Versuch von Politikern, Unternehmern, aber auch von Wissenschaftlern, ihrerseits die Medien zu instrumentalisieren und sie in ihre Interessenvertretung einzuspannen. *"Die sollten sich mit Vorwürfen gegen uns nicht so weit aus dem Fenster lehnen."*

Der Chefredakteur einer großen Illustrierten schließlich gibt noch folgendes zu bedenken: *"Kaum ein Tag vergeht, an dem in den Medien nicht vor einem Produkt gewarnt wird - es könnte ja krank machen. Ob Fleisch oder Tabak, Kleider oder Dämmstoffe, Kosmetika oder gespritztes Obst - alles Angstauslöser. Wir werden gleichermaßen in Ängste getrieben, aber so werden wir von ihnen auch erlöst werden, weil uns die Fülle der Ängste schließlich keine Angst mehr macht. Schon deshalb sollte man diese Art Ängste nicht zu ernst nehmen."*

Und schließlich noch die empörte Stimme eines Wissenschaftsredakteurs einer angesehenen Zeitung zur Art und Weise des Umgangs mit dem Thema Gentechnik in den öffentlich-rechtlichen Anstalten: *"So werden technologisch-wissenschaftliche Errungenschaften kaputtgeredet."*

Es mag hier noch einmal daran erinnert werden, daß es hier nicht um Fragen der Medien - oder gar Inhaltsanalyse geht, sondern um Stimmungsbilder, die jedoch erlauben, zusammenfassend zu sagen: Nach dem

Selbstverständnis der Journalisten *sind* die Medien nicht die schlechte Nachricht, sondern allenfalls die Überbringer einer schlechten Nachricht. Sie verwahren sich daher vehement dagegen, geköpft zu werden.

III Einstellungen zur Rolle der Wissenschaft

Es ist oft, teils anklagend, teils resignierend, darauf aufmerksam gemacht worden, daß *"Vertrauen in die Verläßlichkeit der Leistungen aus Expertenwissen"* zivilisatorische Lebensvoraussetzung ist. In unserer Gesellschaft ist Vertrauen ein Mechanismus zur Reduktion sozialer Komplexität [1].

1 Einstellungen der Bevölkerung zur Glaubwürdigkeit der Wissenschaft, repräsentativ erhoben

Wenn Wissenschaft Orientierungsfunktion haben soll, wenn sich auf ihre Erkenntnisse Entscheidungen berufen, dann ist einsehbar, wie bedeutsam die Glaubwürdigkeit der Wissenschaft, d.h. die Vertrauenswürdigkeit der Experten, ist. Wir haben deshalb in unserer repräsentativen Erhebung gefragt:

"Häufig werden bei den besprochenen Technologien Gutachten von Wissenschaftlern herangezogen, um Entscheidungen über den weiteren Umgang zu treffen. Sagen Sie bitte, wie glaubwürdig Ihnen diese Gutachten erscheinen."

Fast zwei Drittel der Bevölkerung (63%) hält Gutachten für (mehr oder weniger) glaubwürdig, im Westen etwas weniger (61%), im Osten deutlich mehr (67%). Die von uns befragte Kontrollgruppe »Bürger« hat ähnlich, mit etwa zwei Drittel der Stimmen, votiert, allerdings fast immer mit dem Zusatz, *"wenn es sich wirklich um unabhängige Wissenschaftler handelt"*. Trotz dieser Einschränkung ist das Ergebnis insgesamt überraschend positiv, vor allem, wenn man es den Ergebnissen unserer explorativen »Experten-Befragung« gegenüberstellt. Die Erklärung dürfte sein: Die von uns befragten Bürger stehen dem Wissenschaftsbetrieb ferner als die von uns befragten Experten. Unkenntnis erleichtert das positive Urteil.

---

[1] *Niklas Luhmann*, Vertrauen - Ein Mechanismus der Reduktion sozialer Komplexität

Die Wissenschaft - wohlgemerkt, soweit es ihre Orientierungsfunktion in den hier besprochenen Technologien und Techniken betrifft - wird in den Experten-Interviews massiv kritisiert.

2　Einstellungen der Wirtschaft, Politik/Verwaltung zur Wissenschaft

Wirtschaft und Politik sind ganz wesentlich Auftraggeber für Gutachten durch Wissenschaftler und Institute. Wie denken sie über die Rolle der Wissenschaft?

Sehr groß ist das Vertrauen der Auftraggeber zu ihren Auftragnehmern offenbar nicht; denn einer der drei nachstehenden Vorwürfe wurde mindestens von fast jedem unserer Interviewpartner erhoben:

⇒ Schon die Sprache der Wissenschaft sei angstinduzierend. *"Sie ist unverständlich oder mißverständlich. Die Schreibweise und Meßwerte - die ja den Bürgern zugänglich gemacht werden -, z.B. die Maßeinheit für die Aktivität ionisierender Strahlung 1* **Curie** *= 3,7 * 10^{10}* **Becquerel***, versteht niemand. Das sind 370.000.000.000 (sprich 370 Milliarden oder 370 Giga-Becquerel). Natürlich hängt es mit zunehmend verfeinerten Meßmethoden zusammen, wenn sich die Wissenschaft in solchen Werten ausdrückt. Aber Zahlen dieser Dimension sind nicht mehr vermittelbar. Es nützt nichts, wenn dem Bürger erklärt wird, daß die Aktivität niedriger Ionisierungsdichte unproblematisch ist und er einer natürlichen Strahlenexplosion ohnehin ausgesetzt ist, allein die Zahl macht ihm schon Angst."*

⇒ Wissenschaftler und Gutachter seien eher Ursache für Verunsicherung und damit Ängste, als Beruhigung durch Gewißheit, die sie vermitteln. *"Meinung und Gegenmeinung erzeugen Konfusion"*, und *"für jede Behauptung läßt sich ein Experte finden"*. *"Gutachten, Gegengutachten, Obergutachten, Schlußgutachten: Und was stimmt?" "Für jeden Unsinn gibt es einen Professor."*

⇒ Gutachten werden *"bestellt"*, und der »Wissenschaft« bediene man sich, mit einem Wort: Wissenschaft sei käuflich. *"Wir wissen doch selbst am besten, nach welchen Kriterien wir einen Gutachter oder ein Institut beauftragen." "Wir, die Verwaltung, verheizen die Wissenschaft, und die Politik leistet dem Vorschub. Sie verlangt für* **ihre** *Auseinandersetzungen von uns Gutachten. Heute werden Institute und Gutachter nur noch ideologisch gesehen."*

Die Mehrheit unserer Gesprächspartner ging allerdings davon aus, daß in
der Bevölkerung die Wissenschaft noch ein gewisses Ansehen habe.
*"Deshalb brauchen wir sie ja auch." "Ja, einem Professor glaubt man
noch."*

Eine besondere Unsitte wird darin gesehen, daß ein Experte mit bedeuten-
der Fachkompetenz sich äußert zu Problemen, von denen er soviel
versteht, wie jeder Bürger auch. Da werde ein verdienter Ruf miß-
bräuchlich eingesetzt.

3   Einstellungen systemkritischer Gruppierungen zur Wissenschaft

Klingt in der Kritik an der Wissenschaft durch die Vertreter der Wirtschaft, Politik und Verwaltung ein Bedauern an, daß man sie wegen
schwindender Glaubwürdigkeit nicht mehr so recht einsetzen könne, ist die
Bewertung durch die Vertreter der systemkritischen Gruppierungen
diametral entgegengesetzt. Die Menschen seien noch viel zu wissenschafts-
gläubig. *"Nach unserem Eindruck wird die Wissenschaft eingesetzt, um
Ängste in der Bevölkerung manipulativ abzubauen. Deshalb bedauere ich,
daß deren Glaubwürdigkeit noch so hoch ist." "Die Wissenschaft ist viel
zu parteiisch geworden. Sie steht immer auf seiten der anderen. Für mich
ist sie korrupt. Nur der alternativen Wissenschaft kann an noch trauen.
Deshalb bauen wir sie ja auf."* Immerhin heißt es dann: *"Wir selbst
arbeiten ja auch mit Gutachten, und natürlich nehmen wir Experten, die
auf unserer Seite stehen."* Und zum Abschluß: *"Das Öko-Institut
Darmstadt/Freiburg hat für uns eine hohe Glaubwürdigkeit".*

4   Einstellungen der Medien zur Wissenschaft

Die Journalisten wiederholen im wesentlichen aus ihrer Sicht die bereits
angesprochenen Vorwürfe.

"Von der Wissenschaft selbst, also **ohne** *daß ein Auftrag dahintersteht,
hört man in der Redaktion viel zu wenig. Das ist ein interner Zirkel, von
dem man weder Auswege noch Lösungen angeboten bekommt. Und wenn
sie mal reden, versteht man ihre Sprache nicht." "Hier müßte angesetzt
werden. Die Wissenschaftler sind in der Versenkung verschwunden, haben
sich in Spezialisten aufgelöst, die ein engbegrenztes, ihren Interessen
genehmes Ziel verfolgen und die es nicht kümmert, was darüber hinaus
geschieht. Vertrauen genießen die kaum noch." "So kontroverse Über-*

zeugungen werden heute von ein und derselben Wissenschaft vertreten, daß niemand mehr weiß, was er glauben soll". "Wissenschaftler sind unterein-ander prinzipiell zerstritten und einig nur, wenn es um ihre Privilegien geht." " Jede Seite sucht sich Gutachter und neutralisiert sich dadurch selbst." "Dauernd erleben wir Gutachten-Gegengutachten. Das ist entweder der Beweis, sie wissen es selbst nicht, oder der Beweis, daß zumindest eine Seite ein Gefälligkeitsgutachten erstellt hat."

Die Mehrheit der Medienvertreter dürfte den nachfolgenden, abschließen-den Nennungen zustimmen: *"Der Ruf der Wissenschaft hat sehr gelitten. Wie die das fertiggebracht haben, kann ich mir selbst nicht erklären; denn unmöglich alle können doch bestechlich und für Geld und Karriere zu jeder Art von Aussage bereit seien." "Gegen gutes Geld preisen sie heute Haarwuchsmittel genauso an, wie biologisch erzeugtes Hühnerfutter oder angeblich unverzichtbare Kampfflugzeuge." "Von wem werden sie bezahlt, wer steht dahinter? Fragen, die keine klärende Antwort finden."* Zusammenfassend läßt sich die Kritik an der Wissenschaft und ihrer Orientierungsfunktion etwa so formulieren:

⇒ Die Wissenschaft spricht eine Sprache, die die Menschen nicht - mehr - verstehen.

⇒ Sie wird teilweise für instrumentalisierbar gehalten - um eine neutrale Ausdrucksweise zu wählen - und erscheint deshalb als nicht glaubwür-dig.

⇒ Sie wird für glaubwürdig gehalten; aber dann widerspricht sie sich in diametral entgegengesetzten Auffassungen, und der Bürger weiß nun eines: Die Wissenschaftler wissen es auch nicht.

5   Einstellungen der Wissenschaft selbst zur Wissenschaft

Um einem möglichen Mißverständnis hinsichtlich der Bewertung der nun dargelegten Äußerungen von Vertretern der Wissenschaft vorzubeugen, soll darauf hingewiesen werden, daß den von uns Befragten die vorher beschriebenen Vorwürfe in keiner Weise bekannt waren; das, was sie sagen, also keine Stellungnahme zu diesen Vorwürfen bedeutet.

Sie sind sich, und das geht aus fast allen Interviews hervor, sehr wohl des Glaubwürdigkeitsverlustes der Wissenschaft, oder besser des Wissen-schaftlers, bewußt, *"glauben aber, daß die Wissenschaft bei dem allgemeinen Autoritätsverlust noch relativ glimpflich davongekommen sei".*

Auch seien keineswegs alle Wissenschaftler betroffen, z.B. komme doch in den Wirtschaftswissenschaften den »Fünf Weisen« eine hohe Glaubwürdigkeit zu.

"Auch wenn man uns Unrecht tut, wir müssen zugeben, daß ein gewisser Vertrauensverlust entstanden ist, weil in der Regel kein wissenschaftliches Gutachten ohne Gegengutachten bleibt. Zum Teil liegt das aber auch am Mißbrauch von Expertenmeinungen durch die Medien, z.B. dadurch, daß Experten völlig unvorbereitet in ein Thema geworfen und deren Aussagen dann zerpflückt werden."

Allerdings weist ein anderer Gesprächspartner darauf hin, *"heute wird ein wissenschaftlicher Streit auch oft - insbesondere wenn Fernsehauftritte damit verbunden sind - nur aus Profilierungsgründen kontrovers ausgetragen. Man will bekannt und zitiert werden"*.

Zum Abschluß noch eine nachdenkliche Stimme aus der Kirche:
"Ich glaube noch an die Redlichkeit der Wissenschaftler, aber sie wissen es ja auch in vielen Fällen nicht so genau und manchmal gar nicht. Wir verlangen nur von Ihnen zuviel. Wir überfordern sie. Die Gewißheit, die wir von ihnen fordern, können sie nicht geben, und in der Ungewißheit kann man nur mit der Glaubensgewißheit leben. Und die kommt nicht von der Wissenschaft."

IV Einstellungen zur Rolle der Unternehmen, speziell ihrer Öffentlichkeitsarbeit

Widerstände gegen die hier in Rede stehenden Technologien und Techniken sind in der Sicht der sie einsetzenden Unternehmen »Akzeptanzprobleme«. Nun sind Problemlösungskompetenz und Glaubwürdigkeit eines Unternehmens unbestritten Akzeptanzfaktoren erster Ordnung. Beide vermitteln sich der Öffentlichkeit - eine Aufgabe der Öffentlichkeitsarbeit zum Beispiel - durch Informationen.

1 Einstellungen der Bevölkerung zur Glaubwürdigkeit und Kompetenz der Unternehmen, repräsentativ erhoben

Wir haben deshalb in unserer repräsentativen Erhebung gefragt, welche Kriterien in den Augen der Befragten - also der Öffentlichkeit, die sie ja repräsentieren - eine **gute** Information ausmachen. In den Antworten zeigte sich, daß die »Glaubwürdigkeit« signifikant höher bewertet wird als die »Kompetenz«. Von den Befragten hielten für wichtig

Glaubwürdigkeit 94%
Kompetenz 77%

Aufgefordert, »Glaubwürdigkeit«, »Kompetenz«, und »Verantwortungsbewußtsein« einzelner Industrien einzuschätzen, ergab sich folgendes Bild.

Für eher glaubwürdig halten:

Die chemische Industrie 42%
Die Stromversorgungsunternehmen 64%
Die Hausgeräte-Industrie 71%

Für eher verantwortungsvoll im Umgang mit Technologie und Technik halten:

Die chemische Industrie 45%
Die Stromversorgungsunternehmen 69%
Die Hausgeräte-Industrie 81%

Für kompetent halten schließlich:

Die chemische Industrie 69%
Die Stromversorgungsunternehmen 77%
Die Hausgeräte-Industrie 82%

Um auch aus anderer Sicht die Glaubwürdigkeit der Informationspolitik der Unternehmen zu bestimmten Technologien und Techniken zu behalten, publizierten wir einen entsprechenden Fragebogen in der Studentenzeitschrift »statement«, ein Magazin, das in einer Druckauflage von 25.000 vornehmlich von Studentinnen / Studenten der Wirtschaftswissenschaften - potentieller Firmennachwuchs also - gelesen wird. Der Rücklauf von 102 ausgefüllten Fragebögen war bescheiden, nur in der Relation der Zahlen zueinander nicht uninteressant.

Für uneingeschränkt glaubwürdig halten die Informationen der Firmen zu

Hochspannungsleitungen 58 Personen
Funktelefonen 52 Personen
Kernkraftwerken 23 Personen
Gentechnik 23 Personen
Umweltschäden 18 Personen

Alle diese Daten weisen selbst bei zurückhaltender Interpretation ein erhebliches Glaubwürdigkeitsdefizit unternehmerischer Informationspolitik gerade in den hier besprochenen sensiblen Bereichen aus.

2   Einstellungen der Wirtschaft zur Öffentlichkeitsarbeit der Unternehmen

In unseren explorativen Interviews fragten wir unsere Gesprächspartner einerseits ganz generell, wie denn ihrer Ansicht nach die Unternehmen mit der Angst der Bürger umgingen, andererseits wie sie denn die Öffentlichkeitsarbeit der Unternehmen beurteilten. In den Antworten fanden wir die Begründung für das oben beschriebene Glaubwürdigkeitsdefizit.

Die von uns befragten Führungskräfte der Wirtschaft, aber auch der Wirtschaftsverbände antworteten überwiegend selbstkritisch. Zwar müsse man unterscheiden, die Unternehmen gäbe es nicht, aber die Informationspolitik vieler Unternehmen sei eine schlichte Katastrophe - *"Sie behalten die Risiken diskret für sich, und wenn sie aufklären, bemühen sie sich, die Risiken zu relativieren, z.B. in Sachen Kernkraft, Pharma-Industrie, Zigaretten-Industrie. Sie versagen eklatant, wenn etwas passiert ist." "Gerade große Unternehmen reagieren recht hilflos. Sie wissen häufig gar nicht, was die Vielzahl ihrer Abteilungen im einzelnen an Unsinnigem veranstaltet."* Betont wurde, daß in der Informationspolitik rationale Argumentation, meist bezogen auf technische Aspekte, überwiegt. Darin sahen die meisten die eigentliche Ineffektivität bisheriger Öffentlichkeitsarbeit. Mit den Ängsten im Sinne unserer Fragestellung gingen die meisten Unternehmen gar nicht um, sie bemerkten sie immer erst dann, wenn etwas Beängstigendes passiert sei. Aber auch folgendes wurde angemerkt: *"Manche Konzerne, vor allem Chemiekonzerne, gerieren sich wie reine Öko-Institute. Denkt man dann aber weiter und kommt auf die Umweltprobleme, auf die Probleme mit dem grünen Punkt z.B., dann muß doch beim Bürger das Gefühl aufkommen, auf den Arm genommen zu werden."*

Nicht wenige unserer Gesprächspartner führten die Zurückhaltung vieler Unternehmen auf die Befürchtung zurück, *"daß die Medien alles aufbauschen und überzogen darstellen würden. Deshalb gehen viele nicht aus sich heraus, weil aus allem und jedem gleich eine Katastrophenmeldung gemacht wird".* Einige meinten allerdings auch, es sei sinnlos, sich überhaupt um die Ängste der Menschen zu kümmern, *"man könne sie ohnehin nur verlagern".* Von dieser Überzeugung getragen ist wohl auch die Meinung, man müsse Angstmacher, etwa Lehrer und Medien, einladen und versuchen, ihnen ihre industriefeindliche Haltung abzugewöhnen, ihnen dabei *"selbst Angst machen mit dem Niedergang des Industriestandortes Bundesrepublik Deutschland"*.

Hohe Übereinstimmung bestand hinsichtlich der Öffentlichkeitsmaßnahmen im einzelnen. An erster Stelle wurde fast ausnahmslos »Tag der offenen Tür« genannt, jedoch nicht als PR-Veranstaltung aufgezogen. Sodann wurden, mit deutlichem Abstand, Veranstaltungen mit echter Dialogmöglichkeit - also keine Hahnenkämpfe mit Show-Charakter - sowie Informationszentren und Ausstellungen, ebenfalls mit Dialogmöglichkeit angesprochen, und schließlich wird der Öffentlichkeitsarbeit vor Ort, Kommunikation mit der Standortbevölkerung hoher Rang eingeräumt. Den Rest könne man vergessen. Das Thema Anzeigenkampagnen wird noch behandelt werden.

3 Einstellungen der Politik/Verwaltung zur Öffentlichkeitsarbeit der Unternehmen

Unsere Interviewpartner aus diesen Bereichen beriefen sich zum Teil auf persönliche Erfahrungen, wenn sie erklärten, meist bestünde die Öffentlichkeitsarbeit der Unternehmen im Beschwichtigen und Herunterspielen. Allerdings meinten die meisten, *"unter dem Druck der Verhältnisse nehmen die Unternehmen die Ängste zunehmend ernst, weil sie wissen, daß der Bürger mit Mitteln des Rechtsstaates Entscheidungen knallhart torpedieren kann. Das hat man auch in den Vorstandsetagen erkannt"*. Nach Ansicht einiger in der Genehmigungspraxis stehender Interviewpartner, konzentrierten sich die Unternehmen zu sehr auf den negativen Aspekt der Ängste, empfänden sie als störend und wollten *"sie mit einer Überfülle von Informationen und Argumenten wegzwingen"*. *"Aber gerade wenn man etwas durchsetzen will, darf man keine vollendeten Tatsachen schaffen, sondern muß Information dialektisch aufbereiten, und zwar ausgehend von der Angst selbst. Angst kann man bekämpfen, wenn man den Dialog pflegt. Dazu muß ich aber auch glaubwürdig sein. Da Angst von innen her kommt, kann man sie nicht einfach mit einer Fülle von Informationen zuschütten."*

Fast deckungsgleich zu den Auffassungen der Vertreter der Wirtschaft äußern sich Politiker und Beamte zu den einzelnen öffentlichkeitswirksamen Maßnahmen. *"Tag der offenen Tür - die unmittelbarste Informa-*

*tionsquelle - hat allerhöchste Priorität, wenn es um Glaubwürdigkeit geht,
gefolgt von Informationszentren vor Ort und öffentlichen Veranstaltungen.
D.h. alles, was unmittelbar ist, offen und zugänglich im wahrsten Sinne
des Wortes (i.S.v. auf den Bürger zugehen) bewirkt das größte Vertrauen.
Papier dagegen ist geduldig und hat den Anschein der Beschönigung
(Hochglanzdruck), des Weglassens, der Retuschierung. Glaubwürdigkeit
wird damit kaum erreicht."*

4 Einstellungen der Wissenschaft zur Öffentlichkeitsarbeit der Unternehmen

Die Stellungnahmen der Wissenschaftler zur Informationspolitik der
Unternehmen konzentrieren sich auf drei Aspekte: Unternehmen wüßten
zuwenig von der Angst, sie würden schlecht beraten, sie entwickelten
zuviel Aktivitäten.

*"Ängste werden als irrationale Empfindungen lächerlich gemacht,
Mißtrauen wird als hysterisch etikettiert und als etwas Minderwertiges
bekämpft. So jedenfalls war der Umgang mit den Ängsten nach Tschernobyl. Mit anderen Worten, die Angst wird stigmatisiert, und es herrscht eine
gewisse Ignoranz der Unternehmen gegenüber diesen Angstgefühlen."*
*"Angst ist eben ein zentralnervöser Vorgang, und man müßte einsehen,
was die Wissenschaft lange schon erkannt hat, wie wichtig Gefühle (zu
denen Angst in erster Linie zählt) für den Prozeß der Anpassung sind
(Darwin). Wenn man Emotionen als 'warme Gedanken', die man nicht mit
'kalten Argumenten' bekämpfen kann, versteht, kann man sie durchaus
auch als rational, z.B. im Sinne einer Überlebensstrategie, bezeichnen und
entsprechend mit ihnen 'umgehen'."*

*"Die Unternehmen haben noch nicht die richtigen Einstellungen zum
Thema 'Angst'. Aber die Wissenschaftler und Techniker - auch des eigenen
Unternehmens - beraten die Firmenleitungen schlecht. Sie glauben, es
kommt gut an, wenn sie die Grundlosigkeit der Bürgerängste - vielleicht
sogar im eigenen Interesse - beweisen. So werden die Firmenleitungen
schlecht informiert und machen dann Fehler."*

*"In der Öffentlichkeitsarbeit der Unternehmen steckt viel Hektik, aber auch
Selbstbefriedigung. Daher wirkt sie auf viele so protzig und aufwendig."*
*"Für viele Unternehmen wäre es besser, sie würden weniger tun.
Gelassenheit äußert sich oft im Unterlassen und das tut gut." "In den USA*

hat man viel früher auf diese Art PR verzichtet, dafür im Dialog mit Bürgern frühzeitig Regeln festgelegt, nach denen man Projekte vorantreibt."

5 Einstellungen der Medien zur Öffentlichkeitsarbeit der Unternehmen

In der Beurteilung der Öffentlichkeitsarbeit und Informationspolitik der Unternehmen durch die Medienvertreter spiegelt sich offenkundig die jeweilige Erfahrung, die die betreffenden Journalisten so gemacht hatten. Regionalzeitungen kommen nach den Bekundungen unserer Interviewpartner mit den in ihrem Bereich ansässigen Firmen im großen und ganzen gut zurecht. Den Unternehmen wird zugestanden, gegenüber den Ängsten der Bürger immer sensibler zu werden, einigen Großunternehmen der Chemie werden außerordentliche - und erfolgreiche - Bemühungen um Offenheit und Transparenz attestiert.

Unnachsichtig hingegen sind in ihrer Kritik vornehmlich Chefredakteure und Redakteure der überregionalen Medien, vornehmlich Zeitschriften und Fernsehen. Eine besonders krasse Meinung war, *"Unternehmen mißachten die Ängste der Bevölkerung. Skrupel kommen bei denen gar nicht erst auf, bestenfalls dann, wenn das Kind in den Brunnen gefallen ist, freilich auch nur, um uns mitzuteilen, daß Kind sei ja wieder hochgezogen und quicklebendig, praktisch sei ja nichts passiert"*.

Die Mehrheit war der Auffassung, daß sowohl die Unternehmen, aber auch die Wissenschaftler die Ängste der Menschen als etwas »Unwissenschaftliches« nicht ernst nähmen.

Auf sie wirkten diese Ängste läppisch und *"bedauerlicherweise machen dann die meisten Unternehmen den Fehler, dies den Menschen auch so zu sagen. Sie sollten sich deshalb nicht wundern, wenn die Menschen auf die Straße gehen"*. Noch viel zu sehr sei man, sicher auch aus Angst vor Eskalation durch die Medien, in den Unternehmen darauf bedacht, zu beschwichtigen, Ängste herunterzuspielen, statt »Roß und Reiter« zu nennen. *"Dabei sind die Bürger sehr wohl in der Lage, mit der Realität umzugehen."* Den Unternehmen wird vorgeworfen, noch immer nicht begriffen zu haben, daß Transparenz ihnen hilft und nicht schadet. Deshalb sei die Informationspolitik speziell nach einem Unfall so verheerend. Es werde nur zugegeben, was gerade nachzuweisen sei. Dadurch fühle sich der Bürger nicht ernst genommen, und - noch schlimmer - er komme zu dem Schluß, daß Profit und Geld einen höheren Stellenwert hätten als der Schutz des Individuums. Dabei *"ist Offenheit das einzige, was die Bürger, speziell Betroffene in solchen Situationen akzeptieren".*

Das Votum eines Fernseh-Redakteurs: *"Kein Unternehmen hat eine schlüssige Philosophie der Öffentlichkeitsarbeit. Vor allem aber die chemische Industrie ist nicht in der Lage, einem Trend gegenzusteuern bzw. die gegen sie gerichtete große Bevölkerungsmeinung aufzufangen, weil sie entweder nicht bereit ist, von ihrem hohen Roß herunterzusteigen, oder aber, weil die Öffentlichkeitsarbeit in ihren Unternehmen an der falschen Stelle angesiedelt ist. Im allgemeinen nämlich wollen die Leute gut leben, ohne daß ihnen plausibel gemacht wird, von wem und wovon das abhängt. Ein Beispiel ist die Gentechnologie: Anstatt einsichtsfähig dargestellt wird, was da passiert, wird buchstäblich gemauert und die »Wir-haben-alles-im-Griff-Parole« ausgegeben. Es fehlt einfach an einer offensiven Informationspolitik, die klar macht, wovon wir leben und* **worauf wir verzichten müssen,** *welche Eingriffe in die Natur notwendig sind, wenn wir so leben wollen, wie wir leben."*

In einem waren sich alle von uns befragten Journalisten einig: *"Wenn die Informationspolitik eines Unternehmens den Ruch von Werbung und PR hat, kann sie im Sinne einer Aufklärung nicht funktionieren."* *"Hochglanzbroschüren schmeißen wir ungelesen in den Papierkorb",* und ein Interviewpartner stellt unter Verzicht auf sein Urheberrecht den Werbespruch zur Disposition: *"Weniger Papier produzieren. Mehr in die Sache investieren!"*

6 Einstellungen der systemkritischen Gruppierungen zur Öffentlichkeitsarbeit der Unternehmen

Gesprächspartner wiesen uns ausdrücklich darauf hin, und die Auswertung unserer Interviews belegte es, wie heterogen gerade die systemkritischen Gruppierungen sind. Entsprechend war das Spektrum der zu Protokoll gegebenen Aussagen. Immerhin ließen sich - wie in der Politik der Partei der GRÜNEN - zwei Grundpositionen ausmachen: Einerseits die sehr kritischen, aber dialogbereiten Interviewpartner, die von sich aus Vorschläge zu denkbaren Lösungswegen machten, andererseits die sehr ideologisch fixierten, die in einem Dialog etwa mit der Industrie - welcher Art auch immer - bereits einen Anschlag auf ihre Identität als Fundamentalkritiker sehen.

Diese Grundpositionen bestimmten sehr wesentlich auch die Äußerungen zur Öffentlichkeitsarbeit und Informationspolitik der Unternehmen. Von radikaler Verdammung, verstärkt durch Worte wie *"total"*, *"absolut"* und *"katastrophal"*, bis hin zu selbstkritischen Fragen: *"Vielleicht sind wir zu sehr auf unser Mißtrauen fixiert."* Für die vorherrschende Meinung dürften aber diese Auffassungen stehen: *"Der ganze PR-Ansatz von denen - den Unternehmen - ist falsch. Sie wollen uns immer beeinflussen, aber wer läßt sich schon gern beeinflussen. Wir wollen, daß die uns ernst nehmen und nicht für dumm verkaufen."* *"Die - die Unternehmen - wollen immer noch mit PR-Techniken über die Probleme hinwegschwadronieren."* *"Die Unternehmer kennen nur rationale Argumente, kennen nur ihre Kriterien. In unserer komplexen Welt gibt es aber viele Kriterien, andere Kriterien. Das haben die noch nicht begriffen - und warum nicht? Weil sie keinen Dialog mit uns führen, sondern uns nur überzeugen wollen."*

Im übrigen wiesen mehrere unserer Gesprächspartner darauf hin, daß ja auch viele Mitarbeiter mit ihrem eigenen Unternehmen und dessen Informationspolitik nicht einverstanden seien. *"Die sind von ihrem Unternehmen enttäuscht. Von denen kriegen wir eine Menge Informationen."*

7 Anzeigenkampagnen in der Öffentlichkeitsarbeit der Unternehmen

Die Frage, ob Ängste einer verunsicherten Bevölkerung vor den Konsequenzen der hier besprochenen Technologien und Techniken durch Anzeigenkampagnen abgebaut werden können, ist umstritten. Nun können Anzeigenkampagnen gut oder weniger gut im Sinne werblichen Handwerks sein, für uns ging es darum zu erfahren, wie Anzeigen als »Form gekaufter Kommunikation« generell im Zusammenhang mit unserem Thema »Umgang mit den Ängsten der Menschen« beurteilt und bewertet werden.

In unserer repräsentativen Erhebung sprachen sich, gefragt ob sie diese Anzeigen ganz allgemein eher positiv oder negativ empfinden würden, 54% der Bevölkerung für »positiv« aus. Allerdings gab es einige Unterschiede in der Beurteilung. Westdeutsche (56%) empfinden positiver als Ostdeutsche (49%); Männer (58%) empfinden positiver als Frauen (50%); und nicht-ängstliche Personen (56%) empfinden positiver als ängstliche (49%).

In unseren explorativen Interviews mit »Experten« fielen die Stellungnahmen naturgemäß differenzierter, aber insgesamt deutlich negativ aus. Lediglich einige unserer Interviewpartner aus der Wirtschaft sprachen sich für Anzeigenkampagnen aus. Als Beispiel eine positive Stimme: *"Auch Anzeigenkampagnen haben ihren Wert. Deutliches Beispiel: Seit Mc Donald's - die deutschen Bauern liefern vor allem Rindervorderviertel dorthin, die zu Hamburgern verarbeitet werden - in einer solchen Kampagne dargestellt hat, daß die von dieser Firma verwendeten Rohprodukte eben nicht zu Lasten der Futtergrundlage in den ärmsten Ländern gehen oder aus Billigimporten stammen, ist Ruhe an dieser Front eingekehrt."*

Auch einige Behördenvertreter waren der Auffassung, daß zumindest Informationskampagnen ihren Sinn haben könnten, bezweifelten aber auch den Angstabbau durch solche Kampagnen. Alle anderen Gruppen, also die überwiegend kritisch-distanzierten Gesprächspartner, halten Anzeigenkampagnen der Großindustrie und ihrer Verbände im günstigsten Fall für wirkungslos, im ungünstigsten Fall für contra-produktiv im Sinne zunehmender Ablehnung und wachsenden Widerstandes. Wenn der Inserent der Interessent ist, kann eine solche Kampagne keine Glaubwürdigkeit ausstrahlen, war durchgängiger Tenor. Daß mit den Anzeigen vielleicht Innenwirkung, z.B. bei Mitarbeitern oder Mitgliedern, sog. »Innere Mission« verbunden sei, wollte man nicht in Abrede stellen.

Die explorativen Interviews mit Bürgern, also unserer Kontrollgruppe, gaben die deutlichsten Hinweise zur Erklärung der so verschieden ausfallenden Bewertung. Wer den angesprochenen Technologien kritisch - eher ablehnend, zumindest zweifelnd - gegenüberstand, sprach sich ohne Ausnahme gegen Anzeigenkampagnen jeglicher Art aus. Sie wurden als »Werbung für zweifelhafte Produkte« gesehen, als Verdummung bezeichnet, die angesichts der Ängste, der Bedenken, die Bürger hätten, geradezu grotesk wirkten.

Es spricht also vieles dafür, daß Anzeigenkampagnen in diesen sensiblen Bereichen von denjenigen, die prinzipiell den Technologien und Techniken aufgeschlossen gegenüberstehen, zumindest nicht ängstlich gestimmt sind, als informative Bestätigung erfahren werden. Wer dagegen ängstlich ist, eher eine Abwehrhaltung einnimmt, der fühlt sich in seinen Sorgen nicht ernstgenommen, vermutet, das große Geld werde eingesetzt, um ungeachtet bestehender Zweifel eine bestimmte Technologie oder Technik durchzusetzen. Er verdammt deshalb Anzeigenkampagnen.

Sollte die Interpretation dieses Sachverhaltes zutreffend sein - nach unserer
Auffassung ist sie es - relativiert sich in der Tat der Wert von Anzeigenkampagnen. Der Teil der Öffentlichkeit - auf Seite 42 dieser Studie wird
darauf verwiesen, daß es sich dabei um etwa zwei Drittel unserer
Bevölkerung handelt -, der eher skeptisch eingestellt ist, wird von
Anzeigenkampagnen nicht erreicht, für ihn sind sie tatsächlich eher contra-
produktiv, wie die meisten unserer Interviewpartner vermuteten.

8 Standortverlegung ins Ausland als Argument in der Öffentlichkeitsarbeit der Unternehmen

53% unserer Bevölkerung hält das Argument, die Unternehmen gingen mit
ihrer Fertigung oder Forschung wegen mangelnder Zustimmung in der
Öffentlichkeit ins Ausland, für vorgeschoben, nicht glaubwürdig. In den
neuen Bundesländern sind es 60%.
In den Interviews mit den Bürgern unserer Kontrollgruppe, die dieses
Ergebnis mit geringer Abweichung nach oben bestätigten, wurde immer
wieder darauf hingewiesen, daß es Kostengründe seien, die Unternehmen
veranlaßten, ins Ausland zu gehen. Für dieses Verhalten hatte die Mehrheit
unserer Gesprächspartner durchaus Verständnis, fand es aber *"verwerflich"*
und *"Erpressung"*, wenn mit der Drohung, ins Ausland zu gehen,
Genehmigungsverfahren beeinflußt oder Schutzmaßnahmen unterlaufen
werden sollten.

⇒ *Einstellungen der Wirtschaft*

Die von uns befragten Vertreter der Wirtschaft wiesen zunächst - und zwar
übereinstimmend - mit Nachdruck darauf hin, daß unser eigentliches
Kapital unsere wissenschaftliche und technologische Leistungsfähigkeit ist.
*"Die Angst davor, deren Ergebnisse intensiv zu nutzen, muß zur Ab-
wanderung von Köpfen und zum Niedergang der Wirtschaft führen." "Es
sind die Köpfe unserer Wissenschaftler und die Fähigkeiten unserer
Ingenieure und Techniker, die unseren Wohlstand begründen."*

Die Mehrheit ist davon überzeugt, daß Deutschland [1] auf dem Gebiet der
Gentechnik den technologischen Anschluß bereits verloren hat. In anderen
Bereichen, wie Luft- und Raumfahrt, Nukleartechnik, aber auch Gebieten

---

[1] Unsere Gesprächspartner in der Schweiz und in Österreich äußerten sich
weniger radikal.

der Medizin, seien wir im Begriff ihn zu verlieren. Sie halten also das Argument »Standortgefährdung« nicht für vorgeschoben, *"in den Großkonzernen ist die Abwanderung doch schon im vollen Gange". "Die Ankündigung, ins Ausland zu gehen, ist ernstzunehmen und bestätigt sich durch Entscheidungen in einer Vielzahl von Branchen. Die Abwanderung vollzieht sich überwiegend heimlich und wird darum kaum öffentlich oder den Behörd en bekannt. Selbst Ingenieur-Kapazitäten werden bereits ins Ausland vergeben."*

Daß Unternehmen immer vorsichtiger und zurückhaltender in zukunfts-orientierten Technologien und Techniken investierten, begründete ein Interviewpartner aus der Elektrizitätswirtschaft: *"Seit 1989 haben die EVUs ca. 20 Milliarden DM für Projekte, die nicht mehr weiterverfolgt werden konnten, buchstäblich in den Sand gesetzt, beginnend von der WAA in Wackersdorf bis hin zur stillgelegten MOX-Brennelemente-Fabrik in Hanau. Dazwischen liegen ESNA 300, HTR 300, Endlager Gorleben, Schacht Konrad, ARAG-Anlage Karlstein, alles bekannte Namen, die unter dem Stichwort »Standort Deutschland« zusammengefaßt werden können."* Auch in der Schweiz und in Österreich wurden wir immer wieder auf Investitionshemmnisse - zurückzuführen auf Bürgerwiderstände - hingewiesen.

$\Rightarrow$ *Einstellungen der Wissenschaft*

Auch unsere Gesprächspartner aus der Wissenschaft sehen in den Ängsten und dem aus ihnen erwachsenden Widerstand eine Gefährdung der wissenschaftlichen Entwicklung und insofern auch eine Standortbedrohung, sind aber doch mehrheitlich der Auffassung, daß Unternehmen nur in Ausnahmefällen wegen dieser Ängste ihr Land verlassen - und wenn es der Fall ist, halten sie dieses nicht für richtig, eher für eine Bankrott-erklärung unternehmerischer Informationspolitik. Im übrigen machen sie darauf aufmerksam, daß früher oder später dieselben Schwierigkeiten auch im Ausland nicht auszuschließen seien. *"Ins Ausland zu gehen, löst das Problem nicht. Man wird früher oder später vom selben Problem wieder eingeholt."* Im übrigen halten sie einhellig die bloße Drohung, ins Ausland zu gehen, für unmoralisch. *"Wenn ein Unternehmen glaubt, es sei notwendig zu gehen, dann muß es auch tatsächlich gehen."*

$\Rightarrow$ *Einstellungen der Medien*

Die große Mehrheit der von uns befragten Journalisten würde das Argument von Unternehmen, wegen mangelnder Akzeptanz ins Ausland zu gehen, für vorgeschoben, schädlich und dumm halten. *"Unternehmen verlassen das Land wegen zu hoher Arbeitskosten und zu hoher Steuern und sonst wegen nichts. Und das ist kein Problem der Ängste, sondern ein gesellschaftlich-politisches Problem."*

Daß die wissenschaftliche Entwicklung behindert wird, halten nur wenige für möglich, andere sind der Überzeugung, daß gerade Widerstände in der Öffentlichkeit und Druck der Bürger *"zusätzliche Bemühungen freigesetzt haben, um andere Technologien zu entwickeln, die dann allen zugute kommen: dem Unternehmen, der Wirtschaft insgesamt und den Bürgern".* *"Die Abwehr der Bürger macht Unternehmen erfinderisch"*, meinte einer. Schließlich müßten Unternehmen sich auch vorwerfen lassen, *"daß die Ängste der Bevölkerung doch wohl mit ihrer Informationspolitik zusammenhingen. Aus diesem Versagen solle man nicht die Begründung zur Auswanderung machen."*

⇒   *Einstellungen der systemkritischen Gruppierungen*

Unsere Gesprächspartner in den systemkritischen Gruppierungen würden derartige Ankündigungen eines Unternehmens als »glatte Alibibehauptung« einstufen. Soweit sie nicht fundamentalistisch dachten - und das waren nur wenige - betonten sie immer wieder, auch für sie sei Sicherung des Wirtschaftsstandortes, d.h. Wohlstand, ein sehr wichtiges Thema. Sie waren nur der festen Überzeugung, daß langfristig gesehen gerade sie mit ihrem Widerstand gegen manche Pläne der Industrie den Standort sicherten. *"Wir zwingen sie, immer bessere Umwelttechniken, Recycling-Techniken und immer umweltfreundlichere Produkte zu erfinden und einzusetzen. Die ärgern sich nur, daß wir auch auf Sparen und Vermeidung setzen, woran sie nichts verdienen können." "Wir behindern die Entwicklung nicht, wir lenken sie nur um. Schließlich wollen auch wir Wohlstand."* Im übrigen wären Großkonzerne in ihrer Forschung ohnehin unkontrollierbar. *"Deshalb bleibt ja auch unser Mißtrauen, egal, was die erklären." "Sollten die wirklich mal die Wahrheit sagen, vermuten wir nur einen neuen Trick."*

⇒   *Einstellungen der Politik / Verwaltung*

Im Gegensatz zu den bisher dargelegten Äußerungen unserer Interviewpartner, die in ihrer Summe eher das richtige oder falsche Verhalten der Unternehmen abhandelten, stellten gerade die Verwaltungsbeamten das Verhalten von Politik und Administration in den Vordergrund. Nicht die Ängste der Bevölkerung seien ja der unmittelbare Grund, gegebenenfalls ins Ausland zu gehen, sondern *"hemmende Faktoren"* im Bereich der Politik und der Bürokratie. Perfektionismus und Reglementierung bis ins Detail führten zu äußerst komplizierten Gesetzen und Verordnungen. Die Folge seien viel zu lange und umständliche Genehmigungsverfahren. Es fehlten auch beherzte Grundsatzentscheidungen in der Politik. Da diese ganzen Regelwerke auf den Schutz der Bevölkerung abzielten, was als Ziel ja auch notwendig und richtig sei, rücke aber bei allen öffentlichen Diskussionen immer mehr - bis zur Ausschließlichkeit - das »Gefährliche« in den Vordergrund. *"Viel zu wenig wird darüber debattiert, was bringt uns diese Technologie und Technik, wie sehr sind wir auf sie angewiesen oder nicht, sondern nur noch gefragt, was spricht dagegen, hier positiv für etwas zu entscheiden." "So laufen wir geradewegs in einen technischen und wissenschaftlichen Provinzialismus hinein."*

Verschlechtert wird die Situation dadurch, daß die Anwendung der Gesetze und Verordnungen ebenfalls äußerst rigide erfolge. *"Vielleicht macht das Ausland keine besseren Gesetze, aber - und das ist entscheidend - es behandelt sie viel pragmatischer. Jeder, der in europäischen Behörden arbeitet, kann das bestätigen."*

Zum Abschluß - dies ist dann das letzte Zitat dieser Arbeit - die Anmerkung eines Pastoren: *"Wenn die Vorstellung von dem, was ethisch vertretbar ist und was nicht, immer blasser wird, dann muß der Staat das Verhalten der Bürger von sich aus immer detaillierter, bis in die letzte Handlung hinein vorschreiben."*

C   Zusammenfassung und Schlußfolgerungen

I   Akzeptabilität geht vor Akzeptanz

Diese Studie versteht sich als Kommunikationsanalyse. Sie will darlegen, in welcher Weise Unternehmen, die moderne Groß- und Spitzentechnologien einsetzen, ihre Öffentlichkeitsarbeit und Informationspolitik gestalten müssen, um in der Öffentlichkeit jene Unterstützung ihrer Arbeit zu finden, die sie brauchen, um wettbewerbsfähig und wirtschaftlich erfolgreich zu sein. Das ist etwas anderes als das Bemühen um Akzeptanz. Es geht zunächst um den Nachweis der Akzeptabilität.

An dieser Leitidee orientiert sich die zusammenfassende Ergebnisbewertung unserer kommunikationspsychologischen Befunde. Es wird also wiedergegeben und zusammengefaßt, was zum Verständnis der später darzustellenden Anregungen und Vorschläge notwendig ist. Noch einmal sei darauf hingewiesen, daß Zusammenfassungen dieser Art stets nur durch außerordentliche Vereinfachungen zu erreichen sind. Das ist der Preis für Eindeutigkeit und Vermittelbarkeit.

II   Ängste der Bürger haben immer eine Funktion

Die gesellschaftlich relevanten Ängste der Bürger vor den hier in Rede stehenden Technologien und Techniken mögen begründet sein oder nicht. Es sind allemal Ängste, und sie lösen in jedem Fall Handlungsbedarf aus; denn entweder sind sie begründet, dann müssen sie in Entscheidungsfindung bzw. Entscheidungskorrektur einbezogen werden, oder sie sind unbegründet, dann ist Öffentlichkeitsarbeit und Informationspolitik defizitär und muß entsprechende Veränderungen erfahren. Eine *"eingebildete"* Angst, die man folgenlos ignorieren könnte, gibt es nicht.

Ängste haben eben in unserer technisierten, komplexen Welt ihre durchaus sinnvolle Funktion. Ein gewisses Optimum an Angst ist für unsere Sozialbeziehungen und unsere Anpassung an die Umwelt notwendig. Deshalb sollte Angst zunächst nicht als störende Erscheinung gewertet werden, die durch bestimmte Maßnahmen zu eliminieren sei. Sie besitzt vielmehr eine wertvolle Indikatorfunktion und kann helfen, Konflikte zu erkennen, sich auf Risiken einzustellen und gefahrenträchtige Situationen zu meistern [1].

Technologie- und Technikängste bringen in die politischen und gesellschaftlichen Entscheidungsprozesse die Belange derer ein, die sich »rational« zu den in Frage kommenden Problemen oder Projekten wegen fehlender Beurteilungsmöglichkeiten nicht äußern können. Es ist sozusagen ihre Weise der Kommunikation und ihr Kommunikationsbeitrag zur Entscheidungsfindung.

Das Nein, das sich in schwindender Akzeptanz technischer industrieller Großprojekte umsetzt, ist in seiner Kernbedeutung keineswegs eine irrationale Reaktion. Es repräsentiert vielmehr genau das, was man als rationale Reaktion auf vertrauensverlustbedingte Verunsicherungen hinsichtlich der Fälligkeiten zur Erhaltung unserer zivilisatorischen Lebensbedingungen zu erwarten hat. Es handelt sich nicht um das Nein der begründeten Ablehnung, vielmehr um das Nein der Urteilsverweigerung aus Verunsicherung [2].

Auch in Ängsten kann sich gesellschaftlich Vernünftiges artikulieren.

III Die Sinnfrage ist unsere Zukunftsfrage

Die Bevölkerung fühlt sich von der Welt der Technik und der Wissenschaft zunehmend ausgeschlossen. Den Unternehmen, die Wissenschaft und Technik einsetzen, wird mißtraut. Die Spitzentechnologien werden eher negativ bewertet, die Kenntnisse hinsichtlich ihrer Möglichkeiten und dem Nutzen für die Gesellschaft sind dürftig. Die mit diesen Technologien und Techniken verbundenen Risiken - die ja stets zugemutete, nicht freiwillig eingegangene Risiken sind - werden daher nicht im Zusammenhang, sondern isoliert als Gefährdung erlebt. Es fehlt eine Zukunftsvorstellung, die Risiken und Chancen zusammenfaßt, für die es sich lohnt, Risiken überhaupt einzugehen.

Die Antwort auf die noch offene Frage, welche Welt wir wollen, bestimmt deshalb auch, welche Risiken wir akzeptieren. Es ist die große Chance

---

[1] *H. Saß*, Psychologische Aspekte zu Angst und Angstfreiheit, Aachener Hochschulkolloqium 21.-23.Oktober 1993

[2] *Hermann Lübbe*, Der Lebenssinn der Industriegesellschaft,

einer offenen und kommunikativen Gesellschaft, genau mit den Risiken leben zu können, die sie eingehen muß, um ihrer Zukunftsvorstellung gemäß leben zu können - wenn sie denn in der Lage ist, ihre Zukunftsvorstellungen und die korrespondierenden Risiken zu artikulieren und sie zu kommunizieren. Es wäre schon viel gewonnen, könnten wir alle, Öffentlichkeit wie Wissenschaftler, Ingenieure, Manager und Politiker, uns über die Bedingungen verständigen, unter denen wir einer Lösung unseres Problems näherkämen, nämlich das Bild einer uns gemäßen, d.h. akzeptablen Welt zu entwerfen und zu vermitteln.

Diese intellektuelle Leistung, die eine Gemeinschaftsanstrengung ist, hat unsere Gesellschaft noch nicht erbracht. Die Folge ist, daß wir es - empirisch, wie dargelegt, meßbar - mit einer **»Drei-Drittel-Gesellschaft«** zu tun haben:

- Etwa ein **schwaches Drittel** bejaht prinzipiell die gegenwärtige Art des Umgangs mit Technologie und Technik.

- Ein **starkes Drittel** ist eher skeptisch, nicht dezidiert ablehnend, aber doch zweifelnd, ob unsere Gesellschaft den richtigen Weg geht.

- Ein **weiteres starkes Drittel** lehnt die heutige Verfahrensart entschlossen und protestierend ab.

Eine sehr kleine Minderheit ist bereit, ihrer Ablehnung auch mit Gewalt Ausdruck zu verleihen.

Sofern sich eine Mehrheitsverschiebung von »Positiv« über »Resignativ«, »Konträr« in Richtung »Aggressiv« als nachhaltiger Trend erweisen sollte, bedeutet dies eine besondere Herausforderung für Wirtschaft, Wissenschaft und Politik. Es muß die Sinnfrage unserer Gesellschaft gestellt und beantwortet werden.

IV Weder Politiker noch Unternehmer stellen sich die Sinnfrage

Ob unsere Politiker inklusive der von ihnen gesteuerten öffentlichen Verwaltung in der Lage sein werden, den genannten Anforderungen zu genügen, wird in dieser Studie bezweifelt.

Im Umgang mit den Ängsten der Bürger vor dem Gefährdungspotential moderner Technologien und Techniken zeigen sie beachtliche Beurteilungs- und Entscheidungsunsicherheiten. Einerseits fühlen sie sich unter dem Druck der Öffentlichkeit und ihrer Ängste und reagieren hektisch mit legislativen Viel- und Schnellschüssen, oder sie versuchen, Entscheidungen auszuweichen und auf Zeit zu spielen.

Aber auch die Unternehmen, nicht zuletzt aus Angst vor den Ängsten der Bürger, reagieren mit einer wenig vertrauenerweckenden Öffentlichkeitsarbeit und Informationspolitik. Man wirft ihnen vor, entweder Ängste zu ignorieren oder abzuwiegeln, um Ängste zu beschwichtigen, immer nur gerade das Nachweisbare zuzugestehen, überhaupt eine wenig offene Politik zu betreiben. Das Glaubwürdigkeitsdefizit ist groß.

Gegenwärtig scheinen weder Politik noch Unternehmen fähig, den Trend der beschriebenen Mehrheitsverschiebung zu brechen. Sie haben sich die Sinnfrage bisher offenbar noch gar nicht gestellt.

V Auch von der Wissenschaft ist keine Antwort zu erwarten

Für eine wissenschaftlich-technisch orientierte Gesellschaft, die keines ihrer großen Probleme ohne Forschung und Wissenschaft zu lösen vermag, die als wertvollstes Kapital die Köpfe ihrer Techniker, Ingenieure und Wissenschaftler ansieht, ist es schon tragisch, derart an Glaubwürdigkeit verloren zu haben, wie es hier beschrieben worden ist.

Zwar halten zwei Drittel unserer Bevölkerung wissenschaftliche Gutachten für glaubwürdig, doch denjenigen, die für diese Bevölkerung Zukunftsentscheidungen zu treffen haben, ist das Vertrauen zur Wissenschaft und ihrer Orientierungsfunktion offenbar weitgehend verlorengegangen. Sie nutzen die Wissenschaft zwar noch instrumental, zwinkern selbst jedoch mit den Augen. Das ist fatal.

Kritisiert wird:

⇒ Die Wissenschaft habe abgehoben und spreche eine Sprache, die die Bürger nicht verstehen. Viele Wissenschaftler seien sich offenbar gar nicht darüber im klaren, daß die schlechte Behandlung von Wissenschaft und Forschung seitens der Politik ihre Gründe auch darin habe, daß Rückhalt und Verständnis in der Bevölkerung fehlten.

⇒ Die Wissenschaft lasse sich allzu willfährig instrumentalisieren, einsetzen für diese oder jene Interessen, so daß ihr in vielen Fällen die Unabhängigkeit abgesprochen werden müßte.

⇒ Die Wissenschaft böte keine Entscheidungshilfe, wenn man sie benötige, an. Sie lasse stets Entschiedenheit vermissen, sei nicht bereit, sich festzulegen, etwa ein Risiko definitiv auszuschließen.

⇒ Die Wissenschaft widerspreche sich in ihren eigenen Gutachten und Gegengutachten, was, gerade wenn man Wissenschaft für glaubwürdig halten sollte, nur bedeuten könne: Die Wissenschaft weiß es auch nicht.

Daß diese Kritik teilweise unberechtigt ist, ändert nichts an der Fatalität, daß eine auf Wissenschaft angewiesene Gesellschaft an ihrer eigenen Wissenschaft zweifelt. Natürlich wird hier der Wissenschaft abverlangt, was sie ihrem Wesen nach nicht zu leisten vermag. Es ist nicht ihre Aufgabe, politische oder wirtschaftliche Entscheidungen - die immer auch Wertentscheidungen sind, zu denen die Wissenschaft gar nichts zu sagen hat - zu erleichtern.

Aber immerhin:
Zu selten haben Wissenschaftler ihren Elfenbeinturm verlassen und dem Bürger dies alles einmal erklärt. In einer offenen Gesellschaft wie der unseren kommt es für die Wissenschaft nicht nur darauf an, Erkenntnisse zu haben, sie muß sie auch kommunizieren.

Zur Ethik der Wissenschaft sollte gehören, von sich aus auf die Gesellschaft zuzugehen und sich vor allem verständlich auszudrücken. Einstein war es, der darauf hingewiesen hat: *"Die meisten Grundideen der Wissenschaft sind an sich einfach und lassen sich in der Regel in einer für jedermann verständlichen Sprache wiedergeben."*

VI Medien sind Produzenten von »Wirklichkeit«

Es mag dahingestellt bleiben, was denn die »wirkliche Wirklichkeit« ist. Daß das, was wirkt, wirklich ist, ist unbestreitbar. In diesem Sinne produzieren die Medien Tag für Tag einen großen Teil unserer Wirklichkeit. Im Kontext unseres Themas ist es müßig, ihnen vorzuhalten, sie dramatisierten, sie verfälschten, sie veränderten die Wirklichkeit.

Sie folgen nur ihren eigenen Regeln, und diese Regeln formen auch unsere Vorstellungen von diesem oder jenem Sachverhalt. Allerdings sind auch Medien einer gewissen Kontrolle unterworfen, und zwar durch die »wirkliche Wirklichkeit« selbst. Auch Medien müssen kompetent und glaubwürdig arbeiten - sollten z.B. Nachricht und eigene Meinung deutlich trennen - , wenn sie langfristig erfolgreich sein wollen. Im Konkurrenzkampf kontrollieren sie sich selbst am effizientesten

Zu diesen Medien, die so sind, wie sie nun einmal sind, ein Konfrontationsverhältnis zu unterhalten, wäre in höchstem Maße kontraproduktiv. Nicht so sehr, weil man dann einer negativen Berichterstattung sicher sein kann, sondern weil ohne die Medien eine Transparenz der hier in Rede stehenden Sachverhalte gar nicht möglich ist. Diese Transparenz ist aber eine der Voraussetzungen für Akzeptanz, denn sie macht eine Bewertung und gegebenenfalls Bejahung einer Technologie oder Technik erst möglich. Politik und Unternehmen haben schon aus diesem Grunde alle Veranlassung, ein entspanntes und offenes Kommunikationsverhältnis zu den Medien herzustellen. Rein instrumentale Nutzung verbietet sich hier ebenso wie im Falle der Wissenschaft.

VII Die systemkritischen Gruppierungen sind höchst heterogen, aber alle stellen die Sinnfrage

Speziell zwischen Unternehmen und systemkritischen Gruppierungen gibt es beiderseitig Berührungsängste - zum Nachteil aller Beteiligten; denn dadurch kann sich eine konstruktive - durchaus streitige - Kooperation, die entschieden der Standortsicherung dienen würde, nicht entwickeln.

Für manche Unternehmer mag es überraschend sein, daß eine beachtliche Mehrheit der Systemkritiker sehr wohl am wirtschaftlichen Erfolg und einer auch unternehmerischen Zukunftsperspektive unserer Gesellschaft gelegen ist, sie darüber hinaus auch bereit zu gewissen Formen der Zusammenarbeit und des Dialoges sind.

Eine beachtliche Minderheit sieht allerdings in Zusammenarbeit und Dialog eher Verrat und Anschlag auf ihre Identität. Fundamentalisten wähnen sich eben im Besitz der Wahrheit und wollen ihre Wahrheit operational durchsetzen. Es gibt sie in allen »Lagern«. Es sind Betonköpfe mit der nützlichen Funktion von Stolpersteinen. Man lernt, besser auf den eigenen Weg zu achten.

Sie prägen sehr stark das Bild mancher systemkritischen Gruppierung. Ihre Obstruktion ist der Schrecken der Unternehmen und Genehmigungsbehörden. Wie die »Regieanweisungen für ein absurdes Theater« hört sich an, was Juristen, Gutachter, Ingenieure u.a. am Verfahren Beteiligte als leidvolle Erfahrung zusammengetragen haben [1]. Daß diese »Goldenen Regeln«, als satirische Kritik gemeint, nun in der sog. Einwenderszene als wertvolle Hinweise - vermutlich ohne Kenntnis ihrer Herkunft - gehandelt werden, enthüllt eindrucksvoll den Aberwitz der Situation

Eines jedoch ist den systemkritischen Gruppierungen insgesamt gemeinsam: Sie haben sich und der Gesellschaft die Sinnfrage gestellt, sie wollen einen Zukunftsentwurf gestalten, und daher sympathisiert ein Großteil der Öffentlichkeit mit ihnen, ohne ihnen deshalb unbedingt zu folgen. Aber ihr Engagement, ihr Eintreten für bestimmte Wertvorstellungen rühren die Menschen an, überzeugen und verschaffen ihnen Glaubwürdigkeit - sogar da, wo sie sie gar nicht verdienen.

Für die Unternehmen wie für die Systemkritiker wäre ein echtes »Sich-Miteinander-Auseinander-Setzen« über die Frage, welche Welt wir wollen, ein Gewinn. Diesen Gedanken in unternehmerische Überlegungen einzubeziehen, ist ein weiterer Beitrag zur Standortsicherung; ein Verharren in bloßer Konfrontation ist dagegen kontraproduktiv.

VIII Wenn Unternehmen die Wahrheit sagen, dann halten manche es für einen Trick

So, wie es *die* Unternehmen nicht gibt, gibt es nicht *die* Öffentlichkeitsarbeit. Deshalb sei nachdrücklichst darauf aufmerksam gemacht, daß es im Zusammenhang mit unserem Thema »Standortsicherung – auch eine Frage der Öffentlichkeitsarbeit und Informationspolitik« lediglich um die Ergebnisse bisheriger PR-Arbeit im Bereich der von uns behandelten Technologien und Techniken geht. Denen allerdings begegnet man mit Vorbehalten.

Wenn der Chefredakteur eines Print-Massenmediums glaubt, alles, was den Ruch von PR habe, könne in dieser Gesellschaft nicht mehr funktionieren, und der Chefredakteur eines elektronischen Massenmediums überzeugt ist, daß die Abschaffung von Öffentlichkeitsarbeit - offenbar, wie er sie erlebt - der erste Schritt in Richtung Akzeptanz sei, so artikulieren diese Einzelstimmen nur pauschal und überspitzt, was die Mehrzahl der Interviewpartner auch meinte.

---

[1] vgl. Anhang *"21 Tips für Einwender bei Anhörungen"*

Das ist eine besorgniserregende Einschätzung. Sie löst die Frage aus, ob Öffentlichkeitsarbeit als »Instrument zur Beeinflussung von öffentlichen Meinungen und zur Schaffung von Konsens bzw. Akzeptanz « [1] auch das richtige Instrument im Umgang mit den Ängsten der Menschen vor den von uns besprochenen Technologien und Techniken ist.

Vergegenwärtigt man sich, mit welchem Aufwand, welchem persönlichen Einsatz und auch mit welcher Überzeugung, das Richtige zu tun, dieses klassische PR-Konzept ein- und umgesetzt wird, kann man zu der Auffassung kommen: Öffentlichkeitsarbeit macht gar keine Fehler, sie ist selbst der Fehler«.

Das Konzept der herkömmlichen Öffentlichkeitsarbeit - Teilnahme an der öffentlichen Meinungsbildung mit dem Ziel des Interessensausgleichs (im Interesse des Unternehmens) - kann und darf nicht auf die hier in Rede stehenden Sachverhalte angewandt werden. Es bedarf insoweit einer Überprüfung.

Es ist in unseren Erhebungen, sowohl in den repräsentativen wie den explorativen, sehr deutlich geworden, welche ungewöhnliche Bedeutung der Glaubwürdigkeit einer Information zukommt. Sie rangiert nicht nur vor der Sachkompetenz, sondern durch sie läßt sich Sachkompetenz überhaupt erst vermitteln. Deshalb ist der Stil der Kommunikation Voraussetzung dafür, daß auf das Argument, das kommuniziert werden soll, gehört wird. Gerade für Zukunftstechnologien gilt der Satz, daß Glaubwürdigkeit die Tugend der Zukunft ist - wenn wir andere Tugenden schon nicht mehr zu mobilisieren vermögen. Und eben diese Glaubwürdigkeit wird der Öffentlichkeitsarbeit der Unternehmen weitgehend abgesprochen. Das ist ein beunruhigender Tatbestand. Das löst mehr als Handlungsbedarf aus. Das löst Denkbedarf aus.

Ohne ein dem Partner, Kontrahenten oder sogar Gegner zugestandenes gewisses Maß an Glaubwürdigkeit ist Kommunikation nicht möglich. Wird nun der Öffentlichkeitsarbeit, wie beschrieben, die Glaubwürdigkeit seitens einiger Gruppierungen, die am gesellschaftlichen Kommunikationsprozeß sehr wirksam teilnehmen, abgesprochen, so sind die Möglichkeiten, mit diesen Gruppierungen noch in den herkömmlichen Formen der Öffentlichkeitsarbeit zu kommunizieren, weggebrochen. Und gerade mit diesen Gruppierungen müßte kommuniziert werden; denn der Trend der zuvor

---

[1]   Diskussionspapier der DPRG, Public Relations / Öffentlichkeitsarbeit heute

erwähnten Mehrheitsverschiebung folgt ihnen. Öffentlichkeitsarbeit nur für jene zu betreiben, die schon positiv gegenüber Spitzentechnologien und -techniken gestimmt sind, ist zuwenig. Man könnte auch sagen: Gefährdet den Standort.

Vor diesem Hintergrund stimmt es nachdenklich, wenn auch gesprächsbereite, systemkritische Gruppierungen gleichwohl absolut redlichen Aussagen eines Unternehmens nicht mehr trauen, hinter der Wahrheit nur einen »neuen Trick« vermuten.

D Empfehlungen

I   Signalwirkung psychologisch orientierter Standortdiskussion

Es entspräche nicht der Aufgabenstellung dieser Studie, wollte sie mit einer Fülle von Detailempfehlungen zu Einzelfragen Verbesserungen beabsichtigen. Gesucht werden vielmehr prinzipielle Lösungsansätze zum angemessenen Umgang mit den Ängsten der Bevölkerung vor bestimmten Technologien und Techniken. Es geht also nicht um die den Soziologen so wichtige Frage der Interessen- und Macht-strukturen, die zu fürchten wären, weil sie sich in kühlem Kalkül über alle Ängste hinwegsetzten, sondern es wird der Wille und die Absicht der Unternehmen, zu kommunikativen Lösungen zu kommen, unterstellt [1].

Daß der Studie als solcher bereits eine Fülle von Anregungen und Einsichten zu entnehmen ist, ist offenkundig.

Es war im Vorwort dargelegt worden, daß sich mit der Vorlage dieser Studie die Hoffnung verbindet, sie möge einen öffentlichen Diskurs initiieren, der unbegründete Ängste auflöst und begründete Ängste in die Entscheidungsfindung, gegebenenfalls -korrektur, einbezieht. Im Interesse dieser Zielvorstellung wäre es, die Studie - möglicherweise gekürzt und eleganter formuliert in der Substanz aber unverändert - einer interessierten Öffentlichkeit zugänglich zu machen, sei es durch Publikation, sei es durch Veranstaltungen welcher Art auch immer. Das würde eine gewisse Signalwirkung haben und - hoffentlich - einen Kommunikationsprozeß in Gang setzen, der eine bedeutsame Voraussetzung für psychologische Standortsicherung sein könnte.

---

[1]   Die Frage, in welchem Umfang Ängste von Politik, Wirtschaft und Medien instrumental um der Macht oder des Profites wegen eingesetzt werden, wäre einer gesonderten Untersuchung wert.

II   Konzept der Öffentlichkeitsarbeit: Transparenz statt Akzeptanz

1   Die Entstehungsgeschichte prägt das Selbstverständnis

In den hier behandelten Problemfeldern leistet herkömmliche Öffentlichkeitsarbeit nicht, was sie leisten sollte. Sie löst keine Probleme, sondern wird selbst als problematisch empfunden. Das hängt nicht zuletzt mit Selbstverständnis und Entstehungsgeschichte der Öffentlichkeitsarbeit als Public Relations zusammen; denn die Entstehungsgeschichte eines Begriffes prägt sehr wesentlich seine spätere Bedeutung, Anwendung und Umsetzung.

Übersetzt und übernommen aus dem amerikanischen Geschäftsleben soll Öffentlichkeitsarbeit heute nach dem überwiegenden Selbstverständnis derer, die sich selbst als Öffentlichkeitsarbeiter/-innen bezeichnen, einem Unternehmen Ansehen verschaffen, dem Unternehmen zu einem Image verhelfen, das Vertrauen und Sympathie weckt. Dahinter steht die felsenfeste Überzeugung, daß dies den Umsatz, die eigenen Interessen fördere. Da erklärtermaßen die Öffentlichkeit der Adressat aller dieser Bemühungen war und ist, war und ist damit auch die Funktion der Massenmedien festgeschrieben: Medien sollten entweder überhaupt nicht über das Unternehmen berichten oder - wenn schon - nur Gutes, und sollte es gerade nichts Gutes zu berichten geben, müßte man eben von sich aus etwas Gutes tun, um dann darüber berichten zu lassen. Ein nicht immer einfaches Unterfangen also, das darüber hinaus durch den Gebrauch der dazugehörigen Vokabeln wie »Meinungspflege«, »mediale Hebelwirkung«, »Multiplikator« etc. seinen technisch-instrumentalen Charakter deutlich werden läßt.

Die so verstandene Öffentlichkeitsarbeit ist mithin schon vom Begriff und der Intention her absichtsvoll auf vorausberechnete Wirkung angelegt. In einen Widerspruch mit sich und ihren Absichten gerät sie besonders dann, wenn sie sich als Sympathie- bzw. Vertrauenswerbung versteht; denn: eine ausgeklügelte Technik, die es professionell darauf anlegt, Sympathie und Vertrauen zu erzeugen, ist wenig sympathisch und vertrauenswürdig schon gar nicht. Sie konterkariert sich selbst und verfehlt ihr selbst gestecktes Ziel: Akzeptanz.

2 Das Selbstverständnis provoziert die Ablehnung

Wird diese so verstandene Öffentlichkeitsarbeit nun eingesetzt, um Überzeugungsarbeit zu leisten, etwa um aus Angst und Verunsicherung erwachsene Widerstände gegen die hier besprochenen Technologien und Techniken zu überwinden, provoziert dies Ablehnung gerade bei denen, die überzeugt werden sollen; denn wer Fragen stellt - und immerhin stellt, wie dargelegt, eine zunehmende Mehrheit diese Fragen -, ob eine Technologie oder Technik gesellschaftlich sinnvoll, ethisch vertretbar, wirtschaftlich nützlich, mit Zukunftsvorstellungen vereinbar und vom Risiko her vertretbar ist, der will nicht im Sinne einer Überzeugungsarbeit beeinflußt werden, sondern nur erfahren, was Sache ist.

Öffentlichkeitsarbeit gerade in den problematischen Bereichen moderner Großtechnologien muß sich um ihrer Wirkung willen darauf beschränken, einen komplexen Sachverhalt so transparent zu machen, daß die reale Chance einer Akzeptanz besteht, wenn der Sachverhalt dem Adressaten akzeptabel erscheint. Das vermag sie zu leisten.

Das bedeutet aber auch, daß sich die Öffentlichkeitsarbeit der Unternehmen in besonderem Maße auch den Sinnfragen stellt, das Kritische von sich aus im Dialog aufgreift, vor allem aber sich bemüht, Betroffene und ihre Belange in ihre Entscheidungsfindung einzubeziehen. Zielvorstellung der Öffentlichkeitsarbeit, von der wir hier sprechen, muß Transparenz sein, nicht Akzeptanz. Sie soll nichts verkaufen, sondern etwas klarstellen. Das ist bescheidener im Anspruch, aber schwieriger in der Durchführung.

III Partizipations-Modelle

1   Die »Ethik der Ratlosigkeit«

In unserer offenen, pluralistischen Gesellschaft sind allgemeinverbindliche Wertorientierungen, die in den hier behandelten Technologie- und Technikbereichen konsensfähige Entscheidungen herbeiführen und begründen könnten, nicht vorfindbar.

Unsere empirischen Befunde belegen, wie außerordentlich verschieden die Sichtweisen und Bewertungen ein- und desselben Sachverhaltes sind. Was dem einen ethisch vertretbar erscheint, erscheint dem anderen verwerflich.

Aber auch in den niederen Ebenen des technisch Berechenbaren ist keine Gewißheit für »richtig« und »falsch« zu erwarten. Alles kann sowohl das eine wie auch das andere sein, niemand hat die »Autorität des besseren Wissens« [1].

Keine Konsenschance also. Wo immer wir auf die Rationalitätsbegründung einer Entscheidung setzen, werden wir scheitern; denn entweder wird die Werthaltung, die Rationalität überhaupt zu einem Kriterium macht, bestritten, oder die Rationalität wird als Kriterium zugestanden, dann äußert sich die Wissenschaft - wie dargelegt - widersprüchlich. Nochmals: Keine Konsenschance also.

Was bleibt, ist eine »Ethik der Ratlosigkeit«, der die Frage, wie beweist man, daß man recht hat, fremd ist, die nur sagt, wie man sich verhält, wenn man es eben nicht beweisen kann. Ins Konstruktive gewendet, bedeutet das: Partizipation derer an der Entscheidungsfindung, die von der Entscheidung betroffen sind.

2   Partizipation und Selbstbestimmung

Der Partizipationsgedanke ist ein Ausdruck des vom Bürger unserer Gesellschaft beanspruchten Selbstbestimmungsrechtes.

Die hier angeregte Partizipation des Bürgers hat nichts zu tun mit seiner Teilnahme an allgemeinen Wahlen oder besonderen Volksbefragungen. Es geht nicht um die demokratische Legitimation einer Entscheidung, die dann vollzogen wird, sondern um die Einbeziehung des Bürgers in die Arbeit der Entscheidungsfindung. Die herkömmlichen Steuerinstrumente werden mit vielen komplexen gegenwärtigen Fragen offenkundig nicht mehr fertig.

Die nach überlieferter Art und Weise gefundenen Problemlösungen und Entscheidungen werfen heute Akzeptanz- und Akzeptabilitätsüberlegungen auf, die schwieriger zu behandeln sind als die ursprünglichen Sachfragen. Sie sind selbst für gutwillige Bürger kaum noch nachvollziehbar.

---

[1] *Niklas Luhman*, Die Moral des Risikos, das Risiko der Moral

3 Partizipation baut Brücken

Partizipation vermag im Kontext unseres Themas "Standortsicherung –
auch eine Frage der Öffentlichkeitsarbeit und Informationspolitik" einiges
zu leisten.

* Partizipation klärt zunächst einmal formal die jeweiligen Positionen,
  macht Interessen erkennbar, aber auch ideologisch-politische Fixierun-
  gen, sorgt insoweit für Transparenz.

* Partizipation als solche ist bereits Ausdruck eines besonderen Stils,
  relevante Technologie- und Technikfragen zu behandeln, und gibt zu
  erkennen, daß es nicht nur um Sachfragen, sondern auch um Sinnfragen
  gehen soll und muß.

* Partizipation mindert Informationsdefizite, beseitigt semantisches
  Durcheinander und arbeitet durch Dialog die wirklich entscheidenden
  Fragen heraus. Ein weiterer Beitrag zur Transparenz.

* Partizipation baut fundamentales Mißtrauen ab und schafft durch
  Mitwirkung die Möglichkeit, sich mit der getroffenen Entscheidung zu
  identifizieren. Zumindest weiß man, wie sie zustande gekommen ist.

* Partizipation schafft keinen Konsens, aber baut Brücken für alle, die
  eine humane Gesellschaft wollen - ungeachtet ihrer je verschiedenen
  Vorstellung von einer solchen.

* Partizipation isoliert jegliche wie auch immer begründete Gewalt. Die
  Mitwirkungschance entzieht dem Argument der frustrierten Ohnmacht,
  die sich nur durch Gewalt zu artikulieren vermöchte, die Substanz und -
  noch wichtiger - die öffentliche Sympathie. Dieser einzig mögliche
  Grundkonsens, Konflikte unserer Gesellschaft gewaltfrei zu lösen, wird
  durch Partizipation stabilisiert.

4 Partizipation, eine Zukunftsinvestition

Angesehene Unternehmen und Institutionen haben in jüngster Zeit
erfolgreiche Versuche in Richtung Dialog und Partizipation gemacht [1]. Es

---

[1] KWS Kleinwanslebener Saatzucht AG, Zwischenbericht 06.12.93, Baden-
württembergisches Forum zur Abfallwirtschaft, PROGNOS-AG, Basel. Bürgerräte, BASF, USA, FAZ 10.03.93, "Gesprächskreis Hoechster Nachbarn",
HOECHST AG, FAZ 29.04.94

wird darum gehen, weiterführende problemorientierte Partizipations-Modelle zu beschreiben. In sie zu investieren, dürfte aussichtsreiche Zukunfts- und Standortinvestition sein. Wir haben mit großem Aufwand Geld und Geist hochkomplexe Technologien und Techniken entwickelt. In die Entwicklung angemessener Entscheidungsstrukturen, angemessener Kontrollverfahren, angemessener Kommunizierbarkeit moderner Technologie und Technik sollte jetzt einiges investiert werden [1]. Dann könnte Wirklichkeit werden, was sonst nur Gerede bleibe: Der Aufschwung beginnt in den Köpfen.

5 Kritik an Partizipations-Modellen

Der Vorschlag, "Sozialverträglichkeit" moderner Technologien und Techniken durch Partizipation zu gewährleisten, ist oft kritisiert worden. Das Verfahren sei umständlich, erfordere weitere Entscheidungen, und letztendlich müsse man doch dezisionistisch entscheiden. So stehe am Ende des Verfahrens nur eine »zerstückelte Rationalität [2].

Diese Kritik trifft die hier vorgeschlagenen Partizipations-Modelle nicht; denn ihr Leitgedanke ist nicht eine wie immer verstandene »Rationalität«, sondern gerade der Versuch, Entscheider und Betroffene zu veranlassen, ihre jeweilige Rationalität, die sie wie eine Fahne vor sich her tragen, in Frage zu stellen, alle Fahnen einzuziehen, zu einem Minimalkonsens des Vertrauens zu kommen und ihre Positionen - und darin liegt ein heilsamer Zwang -, letztendlich einer öffentlichen Bewertung durch das Partizipationsverfahren selbst zugänglich zu machen. Partizipation mag also entscheidungstheoretisch fragwürdig sein, kommunikationspsychologisch kann sie durchaus zu praktikablen und akzeptablen Entscheidungen führen.

6 Ergebnisoffene Mediationsverfahren

Wenn eine Gesellschaft Gefahr läuft, sich durch Konfrontation relevanter Gruppierungen, durch Sprachlosigkeit und Mißtrauen, selbst zu blockieren, verbindliche Wertorientierungen verblaßt sind und auch die Wissenschaft weitgehend ihre Orientierungsfunktion verloren hat, dann bedarf es eines Verfahrens, welches Blockaden durchbricht und den Weg freimacht für

---

[1] *Paul Slovic*, Risk Analysis

[2] *Gotthard Beckmann*, Risiko als Schlüsselkategorie der Gesellschaftstheorie

Innovationsschübe, gleich in welche Richtung - Hauptsache, es bewegt sich etwas. Auch chaotische Wege können zur Vernunft führen.

Mediation ist ein solches Verfahren. Ursprünglich im Völkerrecht institutionalisiert, bedeutet es in unserem Sinne aktives und vermittelndes Eingreifen eines neutralen Dritten, den wir nur deshalb nicht **»Mediator«** nennen sollten, weil dieser Begriff religiös-liturgisch festgelegt und für unsere profanen Absichten mit zu hohen Weihen versehen ist. Wir sprechen deshalb lieber vom **»Moderator«**.

Der beauftragte Moderator, dessen Unabhängigkeit Bedingung ist, hat nachstehende Aufgaben:

* Er hat die in Frage kommende Problematik aufzubereiten, eine Art Bestandsaufnahme durchzuführen.

* Er hat klarzustellen, daß das von ihm geleitete Verfahren absolut ergebnisoffen ist. Niemand will sich zur bloßen Absicherung einer an sich schon getroffenen Entscheidung instrumental benutzen lassen.

* Er hat die zur Willensbildung und Entscheidungsfindung relevanten Gruppierungen zu benennen, anzusprechen und einzuladen.

* Er hat gemeinsam mit den Angesprochenen die Thematik im einzelnen, die Verfahrensregeln und den Zeitraum festzulegen.

* Er hat keinerlei Entscheidungsbefugnis in der Sache. Die Entscheidungskompetenz verbleibt beim Entscheider. Er ist nur verantwortlich für die Einhaltung der Verfahrensregeln.

* Er hat - nach Ablauf der vorgesehenen Zeit - entweder eine konsensfähige Empfehlung zu redigieren, bzw. die strittigen Positionen dargelegen. Über das genannte Verfahren ist eine Dokumentation zu erstellen.

* Er hat für die Öffentlichkeit des gesamten Verfahrens einzustehen.

Die Vorteile dieses Verfahrens sind:

* Alle Beteiligten haben denselben Informationsstand. Nach den klassischen Regeln der Disputation wird erst weiterverhandelt, wenn jeder nachprüfbar begriffen hat, wovon der andere redet. Dadurch werden Mißverständnisse und semantisches Durcheinander vermieden.

* Das Verfahren schafft dadurch die notwendige und geforderte Transparenz, die erst eine fundierte Beurteilung und Bewertung ermöglicht.

* Die Mitwirkung räumt Identifikationsmöglichkeiten ein. Sie motiviert dadurch, spätere Entscheidungen mitzutragen.

* Ein Mediationsverfahren wie das hier vorgeschlagene, könnte - schon durch die bloße Begegnung - ein Minimum an menschlichem Vertrauen schaffen, das, ungeachtet kontroverser Positionen, zumindest dazu führt, daß man aufeinander hört. Vertrauen ist Voraussetzung für das Gelingen einer jeden Gemeinschaftsleistung, und Sicherung des Wirtschaftsstandortes ist eine Gemeinschaftsleistung.

Die Initiative zu einem Mediationsverfahren sollte für die hier abgehandelten Technologien und Techniken von den Unternehmen ausgehen, die sie einsetzen oder einzusetzen beabsichtigen. Daß eine solche Initiative von der Öffentlichkeit als Beweis gewertet werden wird, Bürgerängste ernstzunehmen, dürfte auf der Hand liegen.

Im Zusammenhang mit unserer Studie empfiehlt sich ein Mediationsverfahren für Themenbereiche der Gentechnik und der Emissionen. Eine weitergehende Konkretisierung muß in Absprache mit den betroffenen Unternehmen erfolgen. Als relativ aufwendiges Verfahren sollte Mediation nur wirklich prinzipiellen Fragen und öffentlich relevanten Planungen vorbehalten bleiben.

7 Sonderfall: Selbstverpflichtung

Der hippokratische Eid ist der Modellfall für die Forderungen nach Selbstverpflichtungserklärungen der Wissenschaftler [1], der Journalisten, der Wahlkämpfer, aber auch der Unternehmer. Sie sollen erklären, daß sie bestimmte Dinge nicht tun werden. Das ist sicher immer gut gemeint, aber ebenso sicher meist wirkungslos.

Alle Bedingungen, die ein Mediationsverfahren nahelegen, gelten auch für den Fall etwaiger Selbstverpflichtungserklärungen. Sie werden als bloße Deklarationen von der Öffentlichkeit nicht ernstgenommen, weil die Öffentlichkeit vermutet, ihre Verfasser täten dies auch nicht. So machen

---

[1] *Hans Jonas*, Das Prinzip der Verantwortung

also die Erklärungen als self-commitments nur dann Sinn, wenn sie in ihrem Vollzug kontrollierbar gemacht werden, sofern sie nicht schon in einem Mediationsverfahren entstanden und formuliert worden sind.

8   Standortbeiräte / Bürgerräte

Anlagenbetreiber der hier abgehandelten Techniken haben in der Vergangenheit immer, und in der Regel seit der Planung der Anlagen, das Gespräch mit der Öffentlichkeit gesucht. Sie verstanden dieses Dialog-Angebot als einen Bestandteil ihrer Öffentlichkeitsarbeit.

Wir empfehlen, wo es noch nicht geschehen ist, die Institutionalisierung dieses Dialogs und schlagen das Partizipationsangebot "Standortbeiräte/-Bürgerräte" vor. Unsere Studie hat zweifelsfrei ergeben, daß ein solches Angebot, das Meinungen, Erwartungshaltung aber eben auch Ängste und Befürchtungen zur Sprache bringt, ein Forum konkreter Begegnungen bietet, von der Öffentlichkeit, d.h. hier der Standortbevölkerung, grundsätzlich - auch von den systemkritischen Gruppierungen - positiv aufgenommen werden würde.

Wie im Falle der Mediation sind alle relevanten Gruppierungen zur Teilnahme einzuladen. Die Sitzungen der Standortbeiräte / Bürgerräte sollten nach den Kriterien der Mediation moderiert werden. Entscheidend sind auch hier die persönliche Begegnung, das Zur-Sprache-bringen des Kontroversen, das An- und Aussprechen des Beängstigenden, das Ernstnehmen des Kritischen.

In Frage kommen die so konzipierten Standortbeiräte / Bürgerräte insbesondere bei sensiblen Anlagen der chemischen Industrie allgemein, bei gentechnischen Anlagen, bei Kraftwerken - sowohl Kernkraftwerken wie konventionellen Kraftwerken - und Entsorgungsanlagen.

IV Mitarbeiter und personale Kommunikation

Die Kommunikation eines Unternehmens mit der Öffentlichkeit ist abhängig von der Kommunikationsfähigkeit der Mitarbeiter dieses Unternehmens - und zwar aller, wenn auch auf verschiedene Weise.

Was sie und wie sie kommunizieren, prägt Erscheinungsbild und Ansehen des Unternehmens. Am Verhalten der Mitarbeiter orientiert sich letztendlich das Urteil der Öffentlichkeit über Glaubwürdigkeit und Kompetenz des Unternehmens.

Wenn Mitarbeiter sich mit ihrem Unternehmen identifizieren, sind die Chancen groß, daß Bürger das Unternehmen akzeptieren; denn Mitarbeiter sind auch Bürger und Bürger auch Mitarbeiter.

Mitarbeiter werden sich gegenüber der Öffentlichkeit dann für ihr Unternehmen einsetzen, wenn sie mit den Aktivitäten, den Wert- und Zielvorstellungen ihres Unternehmens übereinstimmen. Das setzt voraus, daß sie selbst diese überhaupt kennen - was keineswegs immer anzunehmen ist.

Dies also wäre auf jeden Fall zu leisten: Durch innerbetriebliche Kommunikation [1] den eigenen Mitarbeitern zu vermitteln, für welche Werthaltungen und Verhaltensweisen das Unternehmen steht - von der Produkt- und Leistungsqualität bis hin zur Unternehmens- und Führungskultur. Stichwort: Corporate Identitiy.

Die Ergebnisse unserer Studie belegen eindeutig, daß in der personalen Kommunikation der entscheidende Lösungsansatz zu sehen ist. Ob es das Konfrontationsverhältnis zu den Medien betrifft oder die Fehleinschätzung systemkritischer Gruppierungen, ob es um Partizipations-Modelle der beschriebenen Art oder um die so positiv beurteilten "Tage der offenen Tür" geht, immer wird die Chance einer Problemlösung - angemessener Umgang mit den Ängsten der Bürger - in der schlichten Tatsache der Begegnung von Menschen gesehen, die einander weiter mißtrauen würden, würden sie einander nicht begegnen. Die "Ethik der Ratlosigkeit" hätte sie dann zusammengeführt. Sie sollten sich auch weiterhin von ihr leiten lassen.

V Risiken dieser Empfehlungen

Die Chancen unserer Anregungen und Vorschläge haben wir dargelegt. Zu bedenken sind jetzt die Risiken dieser Empfehlungen.

So effizient Partizipations-Modelle - und um sie geht es im wesentlichen - auch organisiert sein mögen, stets nehmen sie ihre Zeit in Anspruch.

---

[1] Vgl. dazu W. Armbrecht, Innerbetriebliche Public Relations

Partizipation soll ja einer Vielzahl denkbarer Entwürfe die Chance der Realisierung geben. Was immer sich schließlich als - im günstigsten Falle - konsensfähige Entscheidungsempfehlung durchsetzt, immer ist sie entstanden aus dem langwierigen Widerspiel gegensätzlicher Interessen, Vorstellungen und Meinungen. Was bleibt, ist also das Risiko der Langsamkeit.

Die Entscheidung zu manchem Problem kommt vielleicht zu spät, und dadurch entstehen neue, noch schwieriger zu lösende Probleme. Das ist so. Damit muß eine freiheitlich organisierte Gesellschaft leben - und bedenken, daß manches Problem, dessen Lösung an der Langsamkeit scheitert, erst durch überhöhte Geschwindigkeit entsteht.

Nachwort

Auch wenn es heißt, Symmetrie sei die Kunst der Unbegabten, sollte man ein Nachwort nicht unterlassen, nur weil es ein Vorwort gibt. Einiges ist noch zu sagen.

Den Auftrag zu dieser Studie erteilten deutsche, schweizer und österreichische Unternehmen. Sie wollten wissen, was es mit den Ängsten der Menschen vor ihnen, ihren Technologien und Techniken auf sich habe. Wir haben Defizite in der Öffentlichkeitsarbeit und Informationspolitik der Wirtschaft ausgemacht. Das lag in der Natur des Auftrages, eben der Wirtschaft Anregungen für künftiges "richtiges" Verhalten zu geben. Das bedeutet aber nicht, daß es nun allein den Unternehmen obliegt, Konsequenzen zu ziehen.

In mindestens demselben Ausmaß ist es Sache der Politik, der Wissenschaft und auch der Medien, ihre Positionen zu überdenken, ihren Beitrag zum besseren Verständnis der Probleme zu leisten. Da gibt es ebenfalls erhebliche Defizite. Wohlstandssicherung, auch das meint Sicherung des Wirtschaftsstandortes, ist eine Gemeinschaftsanstrengung, die von allen zu leisten ist. Man kann nicht den Unternehmen die Rolle einer pädagogischen Anstalt zuweisen, die dafür zu sorgen habe, daß die bürgerliche Gesellschaft gut gerät.

Wenn wir den Wohlstand unserer Gesellschaften sichern wollen, und zwar ohne Überforderung von Mensch und Natur, dann müssen wir uns alle über die Bedingungen verständigen, unter denen das möglich ist. Diese Bedingungen, ihre Vernetzung, ihre Konsequenzen und ihre Voraussetzungen müssen - weniger im besonderen, mehr im allgemeinen - zur Sprache gebracht, besser noch, ins Bild gesetzt werden. Nur ein öffentlicher Lernprozeß kann eskalierende Konfrontationen, die aus Ängsten und Widerständen erwachsen, verhindern, überflüssig machen. Einen solchen Lernprozeß könnte das Leitmedium unserer Gesellschaft, das Fernsehen, auslösen.

Politiker, Wissenschaftler, Journalisten und Unternehmer sollten sich in einer Initiative zusammenfinden, die zu institutionalisierten Fernsehsendungen führt, welche die Grundbedingungen einer technisch-wissenschaftlich orientierten Gesellschaft sichtbar, nachvollziehbar, erlebbar machen. Sie sollen vom Menschen handeln und von dem Abenteuer, in einer solchen Gesellschaft ein Mensch zu sein und zu bleiben.

Anhang

"21 Tips für Einwender bei Anhörungen"

1.   Halte dich niemals an die Tagesordnung, denn die hilft nur dem Antragsteller sich vorzubereiten. Durch flinken Themenwechsel hast du eine Chance. Antragsteller und Genehmigungsbehörde unzureichender Vorbereitung und unzureichender Kenntnisse zu bezichtigen.

2.   Sprich nur über Punkte, die nicht in den schriftlichen Einwendungen enthalten sind. Denn auf das Schriftliche sind die Antragsteller vorbereitet. Notfalls bezweifle, daß das Verfahren ordnungs- oder rechtsgemäß läuft.

3.   Zitiere ohne Bedenken. Am besten Hörensagen-Quellen oder in Vergessenheit geratene Arbeiten (Erscheinungsdatum z.B. bis 1935 zurück), notfalls erfinde welche. Das bringt die Unwissenheit der Antragsteller an den Tag.

4.   Zitiert der Antragsteller aus Arbeiten, die ein Jahr alt sind, lehne sie als *"von den neuesten wissenschaftlichen Erkenntnissen überholt"* kategorisch ab.

5.   Stelle gezielte Fragen an einzelne Personen, deren Namen du erfahren hast. Stelle diese Fragen möglichst umfassend und ausführlich und fordere dazu ein klares »ja oder nein« als Antwort. Durch die dadurch resultierende Pause bis zur Antwort kannst du beweisen, daß der andere keine Ahnung hat.

6.   Stelle Fragen zu Details, die ruhig auf den ersten Blick als nebensächlich erscheinen dürfen. Erfinde notfalls solche Details. Weil der andere meist nicht spontan antworten kann, wird aus deiner Mücke rasch ein Elefant.

7.   Behaupte als Stand der Wissenschaft und Technik, was immer du für wünschenswert hältst. Du schuldest keine Beweise. Dafür bleibt der Gegenbeweis immer am Antragsteller hängen.

8.   Halte dich nicht bei Themen auf, auf die zweimal in Folge flüssig geantwortet wurde. Nicht die Antwort, sondern die Nicht-Antwort bringt Stimmung in den Saal.

9. Beharre auf deinem Rederecht. Niemand wird dir ernsthaft das Wort entziehen, wenn du an das demokratische Gewissen oder ähnliches appelierst. Wenn du ohne lange Vorrede und dann auch noch unter zehn Minuten redest, könnte das Zweifel an deiner Ernsthaftigkeit wecken.

10. Gib dich niemals mit einer Auskunft zufrieden. Weise grundsätzlich auf die Unvollständigkeit der Antwort, die mangelnden Kenntnisse und die Unbelehrbarkeit des Antwortenden hin. Dadurch erhälst du den Ruf eines Fachmannes von hohen Graden.

11. Wehre dich gegen jeden Versuch, ein Thema abzuhaken. Denn alles kommt von allem. Komme deshalb ohne Hemmungen immer wieder an verschiedenen Tagen auf alles zurück.

12. Nur Anfänger erscheinen pünktlich. Überlasse die ersten dreißig Minuten getrost der Diskussion über Formalien. Erst dann kommt dein Fachwissen voll zur Geltung.

13. Stelle wenigstens einen Befangenheitsantrag pro Tag gegen die Verhandlungsleitung oder einen/mehreren ihrer Fachgutachter. Begründe dies entweder mit offenkundiger Parteinahme, Inkompetenz oder mangelnder Vorbereitung.

14. Drücke deine Empörung gezielt und lang anhaltend aus, wenn, wie meist zu erwarten, ein Befangenheitsantrag abgelehnt wird.

15. Betrachte die vorgelegten Antragsunterlagen genauestens. Wenn ein Komma oder Punkt fehlt oder gar ein Schreibfehler unterlaufen ist, dann sprich von bewußter Irreführung der Bevölkerung, mindestens aber von unverantwortbaren Schwachstellen und Mängeln.

16. Sollten Politiker, insbesondere von der Gegenseite, anwesend sein, so beschimpfe sie aufs heftigste. Wirf ihnen Ignoranz und Unmenschlichkeit usw. vor. Wähle aber die Worte so, daß sie dich nicht der Verleumdung oder Beleidigung bezichtigen können.

17. Behaupte grundsätzlich, daß die vorgelegten Unterlagen unzureichend, lückenhaft, unwissenschaftlich, irreführend und nicht dem Stand der neuesten Technik entsprechend sind. Überlege besonders, was es auf dieser Welt noch an Gutachten, Unterlagen, Analysen, Prognosen, Untersuchungen und Sonstigem gibt, was du fordern und beantragen kannst.

18. Halte dich möglichst wenig mit sachlichen Diskussionen auf, das schadet einer geladenen und aufgeheizten Atmosphäre, und die Zuschauer wandern mangels Spannung ab.

19. Sprich insbesondere immer wieder von noch unbekannten enormen Gefahrenpotentialen, die die Wissenschaft noch erforschen muß. Unter diesem Aspekt ist die vorgeschlagene Technik total veraltet, und es ist menschenverachtend, wenn sie zum Einsatz kommen sollte.

20. Stelle vorhandene Gesetze, Verordnungen, Richtlinien und alles Einschlägige als für diesen speziellen Fall nicht anwendbar, veraltet, unzutreffend und zu großzügig dar.

21. Halte flammende Appelle an die Politiker (die sowieso von der Industrie gekauft sind) nach besseren Gesetzen und zwar in deinem Sinne. Und verdächtige alle Gutachter der Gegenseite ebenfalls als Vertreter profitsüchtiger Industrie.

Bibliographie

Adler, Alfred
Menschenkenntnis
Fischer TB Verlag GmbH, 1978

Alewyn, Richard
Die Lust zu der Angst
Probleme und Gestalten. Frankfurt, 1974

Armbrecht, Wolfgang
Innerbetriebliche Public Relations
Westdeutscher Verlag, 1992

Arnold, Wilhelm ; **Eysenck**, Hans Jürgen; **Meili**, Richard (Hrsg.)
LEXIKON DER PSYCHOLOGIE
zum Stichwort "Angst"
Herder Freiburg, Basel, Wien, 1991

Aurand, K.; **Hazard**, B.P.; **Tretter**, F (Hrsg.)
Umweltbelastungen und Ängste
Westdeutscher Verlag GmbH, Opladen, 1993

Averill, James R.
Die Entdeckung der Gefühle
Ernst Kabel Verlag, Hamburg, 1993

Bauer, M. (Hrsg.)
Psychiatrie
Georg Thieme Verlag, Stuttgart, 1980

Bauriedl, Thea
Weil nicht sein kann, was nicht sein darf
Über die Verleugnung von Realität vor und nach Tschernobyl
Thomson, J. (Hrsg.): Nukleare Bedrohung / Psychologische Dimension
atomarer Katastrophen
Psychologische Verlagsunion, Weinheim, GE, 1986

Beckmann, Gotthard
Risiko als Schlüsselkategorie in der Gesellschaftstheorie
Westdeutscher Verlag GmbH, Opladen, 1993

Beck, Ulrich
Politische Wissenstheorie der Risikogesellschaft
Westdeutscher Verlag GmbH, Opladen, 1993

Becker, Ulrike u.a.
RISIKO IST EIN KONSTRUKT, Wahrnehmungen zur Risikowahrnehmung
Gesellschaft und Unsicherheit
Hrsg.: Bayerische Rückversicherungs AG
Knesebeck-Verlag 1993

Begemann, Christian
Furcht und Angst im Prozeß der Aufklärung
Athensum Verlag, Frankfurt, 1987

Benedetti, Gaetano
Die Angst in psychiatrischer Sicht
»Die Angst«
Rascher und Ci AG, Zürich, 1959

Benos, Johann
Führt Alkohol zu Angstsyndromen?
"Psycho", 1/1990

Benz, Ernst
Die Angst in der Religion
»Die Angst«
Rascher und Cie AG, Zürich, 1959

Berger, Peter L.
Auf den Spuren der Engel
Herder Verlag, Freiburg im Breisgau, 1991

Bochnik, Hans J.
Die Macht der Angst
"Psycho", Nr. 5/1990

Bloch, Ernst
Prinzip der Hoffnung
Suhrkamp-Verlag, 1979

Bochnik, H.J.
Kampf gegen Angst
"Psycho" Nr. 6/1990

Bopp / **Bosse** / **Huber**
Die Angst vor dem Frieden
Verlag W. Kohlhammer, Stuttgart 1970

Böhm, Andreas (Hrsg)
ANGST ALLEIN GENÜGT NICHT, Thema Umwelt-Krisen
Reihe: Psychologie heute, Beltz-Verlag, Weinheim, 1989

Braasch, Friedrich
WARUM ANGST ?
Herderbücherei

Brenner, Charles
Grundzüge der Psychoanalyse
Fischer Verlag GmbH, Frankfurt, 1972

Butolli, Willi
DIE ANGST IST EINE KRAFT
Piper Verlag, München, 1984

Closets, Francois de
Vorsicht Fortschritt! Über die Zukunft der Industriegesellschaft
S. Fischer Verlag GmbH, Frankfurt, 1971

Lord **Dahrendorf**
Erstarrende Gesellschaft in bewegten Zeiten
Hrsg.: Herrhausen, Alfred
Gesellschaft für internationalen Dialog
Schäffer-Poeschel Verlag, Stuttgart, 1993

van den **Daele**, Wolfgang
Hintergründe der Wahrnehmung von Risiken der Gentechnik:

Naturkonzepte und Risikosemantik
Hrsg. Bayer. Rückversicherungs AG
Knesebeck Verlag, München, 1993

Delhees, Karl H.
Soziale Kommunikation
Westdeutscher Verlag GmbH, Opladen, 1994

Delumeau, Jean
Angst im Abendland. Die Geschichte kollektiver Ängste im Europa des 14.
- 18. Jhs.
Rororo-Verlag, Reinbeck bei Hamburg, 1985

Ditfurth, Hoimar von
Wir haben gar keine andere Wahl - Eine Lanze für die Gen-Technik
Bubner, Andrea (Hrsg.): »Die Grenzen der Medizin«
Wilhelm Heyne Verlag, München 1993

Dodd, Norman, L.
Dealing with Fear on the Battlefield
Umgang mit der Angst auf dem Gefechtsfeld
Asian Defence Journal, 1986/3

Dobmeier, Gotthart
Angst vor der Technik - Vertrauen in die Schöpfung?
Pfeiffer-Verlag, München, 1991

DPRG,
Diskussionspapier »Public Relations/Öffentlichkeitsarbeit«
heute", pr-Magazin 10/88

Eibl-Eibesfeldt
Der Mensch, das riskierte Wesen
R. Piper GmbH, München 1988

Esser, Ralph
Menschliches Verhalten unter dem Einfluß akuter Katastrophensituationen
Zivilverteidigung 1986/1

Eurobarometer 1993,
Biotechnology in Europe; Vol.3, no. 4

Fahrenberg, Jochen
Zur Psychophysiologischen Methodik / Konvergenz, Fraktionierung oder
Synergismen ?
Diagnostica 3/1987

Fend, Helmut
Sozialgeschichte des Aufwachsens
Suhrkamp Verlag, Frankfurt, 1988

Fisenko, P.
Povyschat »Psichologitscheskuju Ustostschivoist«
Stärkung der psychologischen Belastbarkeit (Rohübersetzung)
Tyl i Snabshenie Sovetskich voorushennych sil, UR, 1985/9

Forster, M. J.
The nature of fear and stress in general war
Erscheinungsformen von Furcht und Streß im uneingeschränkten Krieg
British Review, UK, Heft 73

Freidl, W., **Egger**, J., **Friedrich**, G.
Persönlichkeit und Streßverarbeitung bei funktionellen Dysphonikern
Psychotherapie, Psychosomatik, Med. Psychologie, 1989/8

Freud, Siegmund
Drei Abhandlungen zur Sexualtheorie
Fischer TB Verlag, Frankfurt, 1981

Freud, Winfried
Phantasie, Aggression und Angst - Ansätze zu einer Sozialpsychologie der
neueren deutschen Literatur
Sprachkunst 1980/11

Gärtner-Harnach, Viola
Angst und Leistung
Beltz Verlag. Weinheim und Basel

Goetschel, Antoine F. (Hrsg.)
Recht und Tierschutz
Paul Haupt Verlag, Bern, 1993

Grabner-Haider, Anton
Anst vor der Vernunft, Fundamentalismus in Gesellschaft, Politik und
Religion
Leykam-Verlag, Graz 1989

Grom, Bernhard
Religionspsychologie
Kösel Verlag GmbH, München, 1992

Guggenbuehl, Dietegen
Menschliches Versagen in der Katastrophe
Wehrmedizin und Wehrpharmazie, 1992/1

Guggenbuehl, Dietegen
Die einfache Kampfreaktion
Guggenbuehl, D. (Hrsg.): Truppenpsychologie, Huber Verlag, Frauenfeld,
1978

Hacker, Friedrich
Aggression. Die Brutalisierung unserer Welt
Econ Verlag, Düsseldorf, 1985

Haseloff, Otto Walter
Angst, Technik, Atom
Sigma-Institut für angewandte Psychologie und Marktforschung, Berlin

Haseloff, Otto Walter
Technik als Feindbild
Sigma-Institut für angewandte Psychologie und Marktforschung, Berlin

Haseloff, Otto Walter
Der moderne Mensch und die Angst
Sigma-Institut für angewandte Psychologie und Marktforschung, Berlin,
1986

von Hentig, Hartmut
Das allmähliche Verschwinden der Wirklichkeit
Carl-Hanser-Verlag, München / Wien, 1984

Hediger, H.
Die Angst des Tieres
»Die Angst«
Rascher und Cie AG, Zürich, 1959

Hindel, Christoph, **Krohne**, H.
Beziehungen von Ängstlichkeit; Angst und Streßbewältigung zum Erfolg
bei Leistungssportlern
Zeitschrift für differentielle und diagnostische Psychologie, 1988/1

Holsboer, F., **Philipp**, M. (Hrsg.)
Angststörungen
Pathogenese - Diagnostik - Therapie
SM Verlag + Agentur für medizinische Informationen, Gräfelfing 1993

Hommes, Ulrich
Wohin mit der Angst?
Herderbücherei

Jaeger-Trees, Corinna
Literatur und Wirklichkeit: Aspekte der Angst
Schweizer Monatshefte, 1989/69

Jonas, Hans
Laßt uns einen Menschen klonen: Von der Eugenik zur Gentechnologie
Bubner, Andrea (Hrsg.), Die Grenzen der Medizin
Wilhelm Heyne Verlag, München 1993

Jonas, Hans
Prinzip Verantwortung
Suhrkamp Verlag, 1993

Jores, A.
Lebensangst und Todesangst
»Die Angst«
Rascher und Cie AG, Zürich, 1959

Jungermann, Helmut, **Slovic**, Paul
Charakteristika individueller Risikowahrnehmung
Hrsg.: Bayer. Rückversicherungs AG
Knesebeck Verlag, München, 1993

Jungermann, Helmut, **Slovic**, Paul
Die Psychologie der Kognition und Evaluation von Risiko
Beckman Gotthard (Hrsg): Risiko und Gesellschaft
Westdeutscher Verlag GmbH, Opladen 1993

Kemp, Peter
Das Unersetzliche
Eine Technologie-Ethik
Wichern Verlag GmbH, Berlin 1992

Kellett, Anthony
Combat Stress
Combat Motivation / The Behavior of Soldiers in Battle
Kluwer Academic Publ., Boston MA, 1982

Knill, Marcus
Die psychologische Beeinflussung im Krieg
Allg. Schweizerische Militärzeitschrift, 1988 (754 ff)

Koch, A.
Angst vor der Zukunft ?
Trias Thieme Hippokrates Enke, Stuttgart, 1990

Kohnen, Ralf, **Oswald**, Wolf
Baldrianextrakt, Propranolol und ihre Kombination
Psycho 1992/8

Korff, Wilhelm
Die Energiefrage, Entdeckung ihrer ethischen Dimension
Paulinus-Verlag , Trier, 1992

Krohne, Heinz W.
Theorien zur Angst
Verlag W. Kohlhammer, Stuttgart u.a.

Krüger, Jens; **Ruß-Mohl,** Stehpan
Risikokommunikation.
Technikakzeptanz, Medien und Kommunikationsrisiken,
Berlin: Edition Sigma, 1991

Krysmanski, Hans J.
Soziologie und Frieden: Grundsätzliche Einführung in ein aktuelles Thema
Westdeutscher Verlag, Opladen, 1993

KWS Kleinwanslebener Saatzucht AG,
Zwischenbericht 06.12.93

La Creca, Genvieve
The Stress you make
(Selbstverschuldeter Streß)
Personnel Journal, US, 1985/9

Le Bon, Gustave
Psychologie der Massen
Kröner Verlag, Stuttgart, 1982

van der Leuw, G.
Phänomenologie der Religion
Mohr-Verlag. Tübingen, 1977

L' Etang, Hugh
Übermüdung, Streß und Angst, Faktoren der Moral in der Truppe
Information für die Truppe, 1982 (43 ff.)

Leinemann, Jürgen
Die Angst der Deutschen
Rowohlt Taschenbuch Verlag, Hamburg, 1982

Lüthi, Max
Das europäische Volksmärchen
A. Fraucke Verlag, Tübingen, 1985

Lucas-Thomas, Richard
Gen-Technologie in NRW braucht ein neues Klima
Rheinische Post, 1993/25

Lübbe, Hermann
Der Lebenssinn der Industriegesellschaft
Springer-Verlag, Berlin 1990

Luhmann, Niklas
Soziologie des Risikos
Walter de Gruyter Verlag, Berlin, 1991

Luhmann, Niklas
Die Moral des Risikos und das Risiko der Moral
Beckmann, Gotthard (Hrsg.): Risiko und Gesellschaft
Westdeutscher Verlag, Opladen, 1993

Markl, Hubert
Mit Risiken leben
Broschüre der Hoechst AG, 1993

Markl, Hubert
Über die Angst vor dem Wissen und die Angst vor der Angst
FAZ, 20.10.1993

Melchers, Christoph B.
Medien und Angst
Freiburg

**Ministry of Defence/
Staff College, Battlefield UK**
Morale in battle, Study 1987
Battlefield, UK, 1987 (S. 95)

Nemeth Dietmar, **Mayr**, Günther
"Wo gehobelt wird, da fallen Späne"; - Gentechnik - Medizin - Mensch-
sein
Die Grenzen der Medizin, Heyne-Verlag, München 1993

Neumann, Kai, M., **Dettmann**, Ralpf, M.
Testpsychologisch erfaßte Beanspruchungsreaktionen während einer
Fallschirmspringerausbildung
Wehrmedizinische Monatschrift, 1987/2

Nowotny, Helga
Die reine Wissenschaft und die gefährliche Kernenergie:
Der Fall der Risikoabschätzung
Risiko und Gesellschaft; Westdeutscher Verlag, Opladen, 1993

Panse, Friedrich
Angst und Schreck in klinisch-psychologischer und sozialmedizinischer
Sicht
Georg Thieme Verlag, Stuttgart, 1992

Peper, E.
Angstbewältigung ein Beitrag zur Streßprophylaxe und Panikprophylaxe
Wehrmedizinische Monatsschrift, 1991/10

Petzoldt, Leander
Dämonenfurcht und Gottvertrauen
Wissenschaftliche Buchgesellschaft, Darmstadt, 1989

Pinter, E.
Betrachtungen zur kollektiven Angst
Referat zu der Klausurtagung des Verbandes Schweizerischer Elektrizitäts-
werke in Konolfingen/BE am 7.1.1988

Prognos AG,
Abschlußdokumentation zur Sonderabfallwirtschaft
Baden-Württemberg 1993

Putter, Dorothea
Untersuchung über das Verhalten von Soldaten und Vorgesetzten im
Kampf
FMTr für operative Information, Neuwied, 1992

Quadbeck-Seeger, H.-J.
Der Deutschen Ängste
Ursachen und Folgen für Innovation und Fortschritt
Erstarrende Gesellschaft in bewegten Zeiten
Schäffer-Poeschel-Verlag, Stuttgart 1993

Rapoport, Anatol
Ursprünge der Gewalt
Ansätze zur Konfliktforschung
Verlag Darmstädter Blätter, Darmstadt, 1990

Richter, Horst-Eberhard
Umgang mit Angst
Hoffmann und Campe Verlag, Hamburg, 1992

Röder, Friedhelm
Paniksyndrome bei türkischen Migranten der ersten Generation
Psycho, 1992/12 (860 ff.)

Röglin, Hans-Christian; **von Grebmer**, Klaus
Pharma-Industrie und Öffentlichkeit
Buchverlag Basler Zeitung, 1988

Röttgers, Kurt; **Sauer**, Hans
Gewalt
Schwabe & Co AG Verlag, Basel, 1978

Ruckdeschel, Walter
Hierarchie der Ängste und der Risiken
technik + münchen, 1988/12

Saß, H.
Psychopathologische Aspekte zu Angst und Angstfreiheit
Aachener Hochschulkollegium, 21. - 23. Okt. 1993

Sauer, Hans
Dramaturgien der Angst
Lenos Verlag , Basel, 1991

Selg, Herbert
Zur Aggression verdammt?
Verlag W. Kohlhammer, Stuttgart, 1982

Semmer, Norbert
Kognitive Determinanten von Streß-Emotionen

Streßbezogene Tätigkeitsanalyse
Beitz Verlag, Weinheim, 1984

Slovic, Paul
Perceived Risk, Trust, and Democracy
Risk Analysis, Vol. 13, Oregon, 1993/6

Smith, Roger C.
Stress, Anxiety, and the Air Traffic Control
Civil Aeromedical Instutute, 1980

Schüz, M., (Hrsg.)
Risiko und Wagnis, 2. Bd.
GERLING-Akademie, Verlag Neske, 1990

Schulze, Gerhard
Die Erlebnisgesellschaft
Campus Verlag, 1992

Schuster, Meinhard
Angst und Aggression im kulturellen Kontext
Robert Kopp, Frankfurt, 1984

Schwarz, Urs
Die Angst in der Politik
Econ Verlag, Düsseldorf, 1967

Starr, Chauncey
Sozialer Nutzen versus technisches Risiko
Risiko und Gesellschaft
Westdeutscher Verlag GmbH, Opladen 1993

Steiger, Rudolf
Angst: Zeichen der Feigheit oder Vernunft?
Werden junge Menschen im Wehrdienst überfordert ?
Verlag Huber, Frauenfeld, 1986

Sternberg, Wilhelm von (Hrsg.)
Für eine zivile Republik
Fischer TB Verlag GmbH, 1992

Stietencron, Heinrich von (Hrsg.)
Angst und Gewalt
Patmos Verlag, Düsseldorf, 1979

Tewes, Uwe; **Wildgrube**, Klaus (Hrsg.)
Psychologie-Lexikon; zum Stichwort "Angst"
R. Oldenbourg Verlag, 1992

Tiemann, Klaus
Ausweglos zwischen Angst und Gewalt ?
Hirschgraben-Verlag, Frankfurt, 1984

Thompson, James; **Keup**, H.
Tschernobyl
Nukleare Bedrohung / Psychol. Dimension atomarer Katastrophen
Psychol. Verlagsunion, 1986

- Unbekannt -
Elektrosmog: Gefahr von Lampen und Radioweckern
Express, 9.5.1993, S. 6

- Unbekannt -
Können tragbare Funktelefone tatsächlich Krebs verursachen?
Welt am Sonntag, 7.2.1993, Nr.10

Untersteller, Franz,
Vom Konflikt zum Konsens,
Müll-Magazin 4/93

Verein der TÜV (Hrsg.)
Angst vor der Technik - Brauchen wir eine neue Aufklärung?
VdTÜV, Essen, 1990

Vogt, Wolfgang
Angst vorm Frieden
Wissenschaftliche Buchgesellschaft, Darmstadt, 1989

Vogt, Wolfgang (Hrsg.)
Mut zum Frieden
Wissenschaftliche Buchgesellschaft, Darmstadt, 1990

Wardlaw, G.R.
A Plan for the Treatment of Crisis - Induced Stress Reaction in the
Australian Army
Defence Force Journal, AT, 1986/59

Weigl, Engelhart
Vom Unbehagen an der Zivilisation
Furcht und Angst im Prozeß der Aufklärung, Frankfurt, 1987

West, Stephen G. ; **Wicklund**, Robert
Einführung in Sozialpsychologisches Denken
Beltz-Verlag, Weinheim und Basel 1985

Wiedemann, Erich
Die deutschen Ängste. Ein Volk in Moll
Ullstein Verlag, Frankfurt, 1990

Wiedemann, Erich
Die Ängste der Welt
Ullstein Verlag, Frankfurt, 1992

Wiedemann, Peter M.
Tabu, Sünde, Risiko:
Veränderungen der gesellschaftlichen Wahrnehmung von Gefährdungen
Knesebeck-Verlag, 1993

Wittchen, H.V. u.a.
Anxiety Disorders in the Year 2000
Controversies and Perspectives
Adis International Ltd., Chester/England, 1992